"三农"培训精品教材

鸡产业化生产技术

● 刘国才 张玉新 李继连 主编

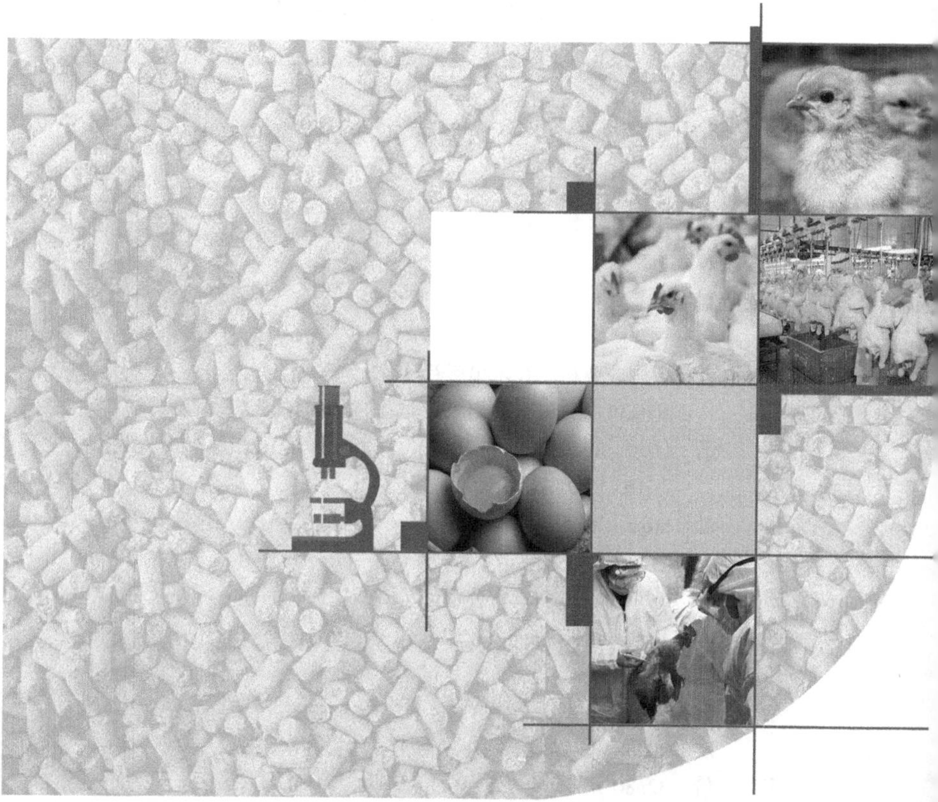

中国农业科学技术出版社

图书在版编目(CIP)数据

鸡产业化生产技术 / 刘国才,张玉新,李继连主编. --北京:中国农业科学技术出版社,2023.8（2025.4重印）
ISBN 978-7-5116-6369-6

Ⅰ.①鸡… Ⅱ.①刘…②张…③李… Ⅲ.①鸡-饲养管理 Ⅳ.①S831.4

中国国家版本馆 CIP 数据核字(2023)第 134845 号

责任编辑	施睿佳　姚　欢
责任校对	王　彦
责任印制	姜义伟　王思文

出 版 者	中国农业科学技术出版社
	北京市中关村南大街 12 号　邮编:100081
电　　话	(010) 82106631 (编辑室)　(010) 82109702 (发行部)
	(010) 82109709 (读者服务部)
网　　址	https://castp.caas.cn
经 销 者	各地新华书店
印 刷 者	北京中科印刷有限公司
开　　本	140 mm×203 mm　1/32
印　　张	5.25
字　　数	135 千字
版　　次	2023 年 8 月第 1 版　2025 年 4 月第 3 次印刷
定　　价	32.80 元

———◆◆◆ 版权所有·翻印必究 ◆◆◆———

《鸡产业化生产技术》
编委会

主　编：刘国才　张玉新　李继连

副主编：刘惟一　汪旭日　程　忠　夏新良
　　　　师瑞梅　石芳权　杨文萍　黄福生
　　　　马吉仁　林　悦　朱利华　李　莉
　　　　张小川　姚中飞　王新栋　冯志华

前　言

近年来，在国民经济迅速发展、科学技术日新月异的形势下，我国养鸡业发展进程加快，规模养殖量不断增加，养殖方式更加科学，大型养殖设备在养鸡场被广泛使用，并向着产业化方向发展。尽管我国养鸡业发展迅速，但也存在着一些问题，如鸡舍建筑不合理、功能区域划分不健全、饲养条件差、规模化和规范化养殖技术有待提高等。这些问题都不符合鸡产业化生产的要求。

为推动鸡产业化生产，为读者提供更贴近实际生产、更全面、更实用的养鸡知识和技术，特编写了本书。本书共7章，分别为鸡场建设、鸡的品种、人工孵化技术、鸡的营养需要与饲料、蛋鸡的饲养管理、肉鸡的饲养管理、鸡常见疾病的防治。本书内容丰富、言简意赅、通俗易懂，实用性和可操作性强，可供鸡场养殖人员和技术人员参考，还可作为相关培训的教材。

由于编者水平有限，加上时间仓促，书中难免存在不足之处，欢迎广大读者批评指正！

编者
2023年6月

目 录

第一章 鸡场建设……………………………………(1)
  第一节 鸡场场址的选择与布局………………(1)
  第二节 鸡舍建筑设计…………………………(5)
  第三节 鸡场设备………………………………(9)
第二章 鸡的品种……………………………………(23)
  第一节 肉用型品种……………………………(23)
  第二节 蛋用型品种……………………………(28)
  第三节 兼用型品种……………………………(33)
第三章 人工孵化技术………………………………(40)
  第一节 种蛋选择与处理………………………(40)
  第二节 机械孵化………………………………(48)
  第三节 孵化效果的检查与衡量………………(57)
第四章 鸡的营养需要与饲料………………………(60)
  第一节 鸡的营养需要…………………………(60)
  第二节 鸡的饲料………………………………(71)
第五章 蛋鸡的饲养管理……………………………(76)
  第一节 蛋鸡育雏期的饲养管理………………(76)
  第二节 蛋鸡育成期的饲养管理………………(83)
  第三节 蛋鸡产蛋期的饲养管理………………(88)
  第四节 蛋用种鸡的饲养管理…………………(92)

第六章　肉鸡的饲养管理 …………………………………（100）
第一节　肉鸡的饲养管理 ………………………………（100）
第二节　肉用种鸡的饲养管理 …………………………（106）
第三节　优质型肉鸡的饲养管理 ………………………（113）

第七章　鸡常见疾病的防治 ……………………………（118）
第一节　病毒性疾病 ……………………………………（118）
第二节　细菌性疾病 ……………………………………（131）
第三节　寄生虫疾病 ……………………………………（143）
第四节　营养代谢病 ……………………………………（148）
第五节　中毒病 …………………………………………（153）

参考文献 ……………………………………………………（158）

第一章 鸡场建设

第一节 鸡场场址的选择与布局

一、鸡场场址的选择

一个合理的鸡场场址应该满足地势高燥平坦、向阳避风、排水良好、隔离条件好、远离污染、交通便利、水电充足可靠等条件。要根据养殖的性质、自然条件和社会条件等因素进行综合衡量而决定选址。具体应该考虑以下7个方面。

（一）地势高燥平坦

应选择地势高燥、土质渗水性强、地面紧实、背风向阳、空气流畅、地形开阔且平坦或略有缓坡、长轴坐北朝南或东南的地方，并利于防御大风、雷电暴雨和山体滑坡等自然灾害。

（二）符合卫生防疫条件

鸡场应远离村庄及人口稠密区，其距离视鸡场规模、粪污处理方式和能力、居民区密度、常年主导风向等因素而决定，以最大限度地减少干扰和降低污染危害为最终目的，能远离的尽量远离。鸡场附近应无大型化工厂、矿厂与其他畜牧场。

（三）交通便利

鸡场应远离铁路、交通要道、车辆来往频繁的地方，一般要求距主要公路400米，次要公路100~200米，但应交通方便、接近公路，自修公路能直达场内，以便运入饲料原料等生产资料和运出产品，且场地最好靠近消费地和饲料来源地。场内道路要硬化。

（四）水源充足可靠

鸡场所在地要有深井水或充足的自来水（供水量应以夏季最大供水量来计算，此时鸡群饮水量为采食量的3~4倍）。禁止使用未经净化处理的河流、池塘和水库的水直接作鸡场水源。水源要能满足场内的生产、生活用水，并考虑到防火和未来发展的需要。

鸡场既可以建造一个大型水塔供全场使用，也可以在每栋鸡舍建一个小型水塔，水塔的容积以能够保证满足全场生产和生活使用为标准。

（五）供电稳定

现代化的规模鸡场内办公、照明、供水、增温、通风换气、饲料加工等都需要大量用电，因此，选址时应当考虑保证鸡场的电源充足供应。

（六）面积适宜

养鸡场包括鸡舍、生活住房、饲料库、育雏室等房舍，建筑用地面积大小应当满足养殖需要，最好还要为未来发展留出空间。如建造一个可容纳1万只鸡的养鸡场，占地面积一般为2 500米^2，若考虑未来发展，面积还要增加。

（七）符合国家畜牧行政主管部门关于家禽企业建设的有关规定

禁止在生活饮用水水源保护区、风景名胜区、自然保护区的核心区和缓冲区、城市和城镇居民区、文教科研区、医疗区等人口集中地区，以及国家或地方法律、法规规定需特殊保护的其他区域内修建禽舍。

二、鸡场的布局

(一) 鸡场的分区

目前,我国鸡场建设逐渐趋于专业化,大型养鸡场分种鸡场、孵化场、商品蛋鸡场、商品肉鸡场等,各场均单独建立,相互之间有一定的距离。

鸡场按功能不同分为生产区、生产辅助区、办公生活区、隔离及粪污处理区等,各功能区配备相应的建筑设施。

1. 生产区

生产区要与办公生活区分开。行政管理人员会成为某些传染病的中间传播者,因为他们与外来人员接触机会比较多,一旦外来人员带有病原微生物,再加上消毒不严格,就会将病原带入生产区。

生产区入口设有消毒室和消毒池(图1-1)。消毒池的深度一般为30厘米左右,长度以车辆前后轮均能没入并能转动一周

图1-1　消毒池

为宜。车辆进场必须进行喷雾消毒，人员进场必须经过消毒室、更衣室，换上消毒后的干净工作服、帽、靴才能进入鸡舍。消毒室可配置消毒池、紫外线灯等。

2. 生产辅助区

生产辅助区包括饲料加工车间、蛋库、兽医室、消毒更衣室、供电房、物品库等。

3. 办公生活区

办公生活区包括办公室、财务室、门卫值班室、食堂、宿舍、活动室、浴室等，与生产区相连，以围墙相隔开。

4. 隔离及粪污处理区

隔离及粪污处理区包括粪场、粪库、污水池、化粪池（粪污处理设备）等。

（二）鸡场的道路

鸡场内道路的设置是鸡场总体布局的一个组成部分，是场区建筑物之间、建筑物与建筑设施之间以及场内外之间联系的重要纽带。道路的设置不仅关系到场内运输、组织生产活动的正常进行，而且对卫生防疫、提高工作效率等都具有重要的作用。因此，鸡场内的道路要求线路直、往返距离短，以保证场内各生产环节保持最方便的联系。

鸡场道路分净道和污道，净道是场区的主干道，宜用水泥混凝土路面，也可用平整石块或条石路面，是饲料和产品的运输通道。污道是运输粪便、病死鸡、淘汰鸡及废弃设备的专用道，路面可同净道，也可用碎石、砾石路面或石灰渣土路面。净道和污道两者分开，互不交叉，不得混用。

鸡场道路，主干道因与场外运输线路相连接，其宽度要保证能顺利错车，以 3.5~6.0 米为宜。支干道与饲料库、鸡舍、兽医治疗室、储粪场等连接，此类道路一般不行驶载重车，其宽度一般以2.0~3.5米为宜。场内道路应坚实，路面断面应有一定坡度，其坡度以1°~3°为宜，利于排水。

（三）鸡场的绿化

鸡场的绿化越来越受到人们的重视，绿化不仅可以美化环境，而且可以改善场内小气候、防暑降温、防火等。场内规划时，应设置绿化带，发挥各种林木的功能。

1. 防风林带

种植防风林带的目的是降低场内风速，防止低温气流、风沙对场区和鸡舍的侵袭。冬季林带应设在主风的上风向，沿围墙内外分布，防风林带宽度以5~8米为宜。树种最好选择落叶树和常绿树搭配，高矮树种搭配。

2. 隔离林带

隔离林带主要设在各场区之间及围墙内外，场界周边种植乔木混合林带。夏季上风向的隔离林带，应选择树干高、树冠大的乔木，行株距应稍大些。

3. 遮阴绿化林

遮阴绿化林既要注意遮阴效果，又要注意不影响通风排污。近舍绿化应能为鸡舍墙壁、屋顶、门窗等遮阴，可根据树种特点和当地太阳高度角，合理确定植树的位置及树木类别。可以选择柿树、核桃树、枣树等枝条长、树冠大、透风性好的树种，这样夏季不会妨碍通风，冬季又不会遮挡阳光。

第二节 鸡舍建筑设计

在进行鸡舍建筑设计时应根据鸡舍类型、饲养对象来考虑鸡舍内地面、墙壁、外形及通风条件等因素，以求达到舍内最佳环境，满足生产的需要。

一、鸡舍类型

(一) 开放式鸡舍

这种鸡舍适用于广大农村地区,我国大部分养鸡场尤其是农村养鸡户均采用此种鸡舍。开放式鸡舍是采用自然通风和自然光照加人工光照的鸡舍,鸡舍内温度、湿度、光照、通风等环境因素控制的好坏,取决于鸡舍设计、鸡舍建筑结构的合理程度。同时鸡舍内鸡的品种、数量的多少、笼具的安放方式(如阶梯式、平置式、叠放式或平养式)等均会影响舍内通风效果、温湿度及有害气体的控制等。因此在设计开放式鸡舍时应充分考虑到以上因素。

(二) 封闭式鸡舍

这种鸡舍因建筑成本高,要求能 24 小时提供电力等能源,技术条件要求也较高,故我国农村鸡场及一般专业户都不采用此种鸡舍。封闭式鸡舍无窗、完全封闭,顶盖和四周墙壁隔热性能良好,舍内通风、光照、温度和湿度等都靠人工通过机械设备进行控制。这种鸡舍能给鸡群提供适宜的生长环境,鸡群成活率高,可较大密度饲养,但成本较高,一般适宜于大型机械化鸡场和育种公司。

(三) 育雏舍

雏鸡需要的温度较高,因此设计育雏舍时应以隔热保温为重点。

(四) 育成舍

育成舍指饲养 6 周龄至产蛋前(转入产蛋笼)阶段鸡的鸡舍。

(五) 种鸡舍

种鸡舍指饲养蛋用种鸡和肉用种鸡的鸡舍,设计时应根据当地气候条件来考虑设计重点,在比较寒冷的地区应以保温为主,在南方较炎热地区应以通风降温为主。

(六)商品鸡舍

根据鸡舍类型(饲养方式)可将商品鸡舍分为笼养鸡舍和平养鸡舍两种。

二、鸡舍面积

鸡舍面积的大小直接影响鸡的饲养密度,合理的饲养密度可使雏鸡获得足够的活动范围和饮水、采食位置,有利于鸡群的生长发育。饲养密度过高会限制鸡群活动,造成空气污染、温度增高,会诱发啄肛、啄羽等恶习;同时,由于拥挤,有些弱鸡经常吃不到饲料,体重不够,造成鸡群均匀度过低。饲养密度过小,会增加设备和人工费用,保温也较困难。雏鸡和中鸡合理的饲养密度:0~3周龄为50~60只/米^2,4~9周龄为30只/米^2,10~20周龄为10~15只/米^2。

对于成年产蛋的肉用种鸡,如为群体笼饲养的种鸡,生产上一般是每个单笼面积2米^2,饲养鸡数为18只左右母鸡,2只种公鸡。如为阶梯笼饲养采用人工授精方式的优质肉用种鸡,根据每个鸡笼面积大小,一般饲养2~3只母鸡,种公鸡单笼饲养。

在平养产蛋的种鸡舍中,根据饲养方式不同(如全垫料、条板加垫料、全条板、全网面等),鸡体形大小不一样,饲养密度有一定的差异,一般鸡群饲养密度为6~9只/米^2。

对于商品肉鸡,其饲养密度以每平方米的地面面积生产肉鸡的重量来确定,按照国内外的经验,这个指标合适的数值是24.5千克。根据此标准,若饲养15 000只肉鸡,体重2千克上市,则所需鸡舍总面积为15 000只×2千克/只÷24.5千克/米^2=1 224.5米^2。

鸡舍跨度根据舍内笼具、走道宽度和通风条件而定，一般为9~12米，屋檐高度为2.5~3.0米，虽然增加高度有利于通风，但会增加建筑成本，冬季增加保温难度，故鸡舍高度不需要太高。

三、屋顶形状

鸡舍屋顶形状有很多种，如单坡式、双坡式、平顶式、钟楼式和半钟楼式等。一般根据当地的气温、通风等环境因素来决定。在南方干热地区，屋顶可适当高些，以利于通风；北方寒冷地区可适当矮些，以利于保温。

生产中大多数鸡舍采用双坡式屋顶。屋顶材料要求绝热性能良好，以利于夏季隔热和冬季保温。

四、鸡舍墙壁和地面

开放式鸡舍育雏室要求墙壁保温性能良好，并有可开启、可封闭的一定数量的窗户，以利于保温和通风。育成鸡舍和种鸡舍前、后墙壁有全敞开式、半敞开式和开窗式几种。敞开式一般敞开1/3~1/2，敞开的程度取决于气候条件和鸡的品种类型。敞开式鸡舍在前、后墙壁进行一定程度的敞开，但在敞开部位可装上玻璃窗，或沿纵向装上尼龙帆布等耐用材料做成的布帘，这些玻璃窗或布窗可关可开，根据气候条件和通风要求随意调节。开窗式鸡舍则是在前、后墙壁上安装一定数量的窗户调节室内温度和通风。

鸡舍地面应高出舍外地面0.3~1.0米，舍内应设排水孔，以便舍内污水的顺利排出。地基应为混凝土地面，保证地面结实、坚固，便于清洗、消毒。在潮湿地区修建鸡舍时，混凝土地面下应铺设防水层，防止地下水湿气上升，以保持地面干燥。为了有利于舍内清洗消毒时的排水，中间地面与两边地面之间应有一定的坡度。

五、通风设计

在炎热的夏季，当气温超过30℃时，鸡群会感到极不舒适，其生长发育和产蛋性能会严重受阻，此时除了采取其他抗热应激和降温措施之外，加强舍内通风是主要的手段之一。

鸡舍设计时应将通风设计考虑在内，包括电源供给，设备的型号、大小、数量、安装位置等，以便预留安装位。国内通风设备一般采用风扇送风和抽风方式，安装位置应安放在能使鸡舍内空气纵向流动的位置，这样通风效果才最好，风扇的数量可根据风扇的功率、鸡舍面积、鸡群数量、气温计算得出。

第三节　鸡场设备

现代养鸡生产是良种、饲料、防疫、环境、管理和机械设备等多种因素的有机整体。在规模化、集约化养鸡生产过程中，使用先进的机械设备可以大幅度地提高劳动生产率，同时还可以为鸡群创造较为理想的生活环境，促进生产性能的提高。因此选择和使用性能好的机械设备，是提高养鸡生产效益的关键措施之一。

一、喂料设备

（一）喂料盘

喂料盘又称开食料盘，用于1周龄前的雏鸡，是用塑料或镀锌铁皮制成的圆形或长方形的浅盘。盘底上有突起的防滑条，以防雏鸡进盘里吃食打滑。每个盘可供80~100只雏鸡使用。若饲养数量少，可用塑料薄膜或牛皮纸代替喂料盘。

(二) 喂料桶

喂料桶又称自动喂料吊桶（图1-2），适用于2周龄以上的鸡，由塑料或镀锌铁板制成。饲料装入桶内，便可供鸡自由采食，鸡边吃料，饲料边从喂料桶落向喂料盘。其规格有多种，一般选择5千克容量的桶即可。每个桶可供50余只鸡自由采食。

图1-2 喂料桶

(三) 喂料槽

喂料槽有两种。一种是用木板或镀锌铁板自制而成的长方形槽。槽的上方加一根能转动的横梁，以防鸡只进入槽内或站在槽上，弄脏饲料。饲槽的长度一般为1.0~1.5米，每只鸡占有5厘米左右的槽位。另外一种是笼养鸡用长形饲槽，饲槽边口向内弯曲，以防止鸡采食时挑剔将饲料刨出槽外。根据鸡体大小不同，饲槽的高和宽要有差别,雏鸡饲槽口宽10厘米左右,槽高5~6厘米,底宽5~7厘米;大雏或成鸡饲槽口宽20厘米左右,槽高10~15厘米,底宽10~15厘米,长度1.0~1.5米。

(四)鸡自动喂料系统

鸡自动喂料系统(图1-3)又称自动料线,通常由料塔(料斗)、输料管、绞龙、电机、料位传感器、悬挂升降装置和料盘等组成。其主要功能就是把料塔(料斗)中的料均匀快速地输送到料盘中,并由料位传感器来自动控制电机的输送启闭,达到自动送料的目的。

图1-3 鸡自动喂料系统

二、饮水设备

饮水设备分为以下4种。

(一) 塔形真空饮水器

塔形真空饮水器适用于2周龄前雏鸡使用。这种饮水器多由尖顶圆桶和直径比圆桶略大一些的底盘构成（图1-4），可用镀锌铁皮、塑料等材料制成，也可用大口玻璃瓶制作。圆桶顶部和侧壁不漏气，基部离底盘高2.5厘米处开有1~2个小圆孔，利用真空原理使盘内保持一定的水位直至桶内水用完为止。这种饮水器构造简单、使用方便，清洗消毒容易，能保持干净的水质。它规格很多，可以根据鸡体大小选择合适的容量，适用于一般鸡场和专业养鸡户使用。

图1-4 塔形真空饮水器

(二) 普拉松自动饮水器

普拉松自动饮水器（图1-5）适用于3周龄后的鸡使用，能保证鸡饮水充足，有利于其生长。每个饮水器可供100~120只鸡用，饮水器和水线的高度应根据鸡的不同周龄的体高进行调整，以小鸡抬头能喝到水为准，及时提高水线。

(三) 水槽

这类饮水器一般可用竹、木、塑料、镀锌铁皮等多种材料制

图1-5 普拉松自动饮水器

作成"V"形、"U"形或梯形等。"V"形水槽多由铁皮制成,但金属制作的水槽一般使用3年左右便腐蚀漏水,必须更换。而用塑料制成的"U"形水槽解决了"V"形水槽易腐蚀漏水的现象,而且"U"形水槽使用方便、易于清洗。梯形水槽多由木材制成。农村专业养鸡户有的直接用竹筒做成水槽。水槽一般上口宽5~8厘米,深3~5厘米。槽上最好加一横梁,可保持水槽中水的清洁,尽可能放长流水。每只鸡占有2.0~2.5厘米的槽位。水槽一定要固定,防止鸡踩翻水槽造成洒水现象。但这种水槽也有缺点:饮水时鸡将水甩出,会将垫料弄湿,且不易洗刷。

(四) 乳头式饮水器

乳头式饮水器(图1-6)已在世界上广泛应用,使用乳头式饮水器可以节省劳力,并可改善饮水的卫生程度。但在使用时要注意水源洁净、水压稳定、高度适宜。往水里加药时，要防止被堵塞，平时需要经常检查不滴水现象的发生。这种饮水器成本高于水槽。

图1-6　乳头式饮水器

三、增温设备

（一）煤火炉

煤火炉为供温设备，指在室内砌烟道或架烟筒，生炉火直接供温。这种供温方法既经济又效果好，是一般鸡场和专业养鸡户经常使用的方法。但在使用时由于舍内生火消耗大量氧气，因而必须处理好保温和通风的关系，防止鸡腹水症等疾病的发生。另外，在育雏阶段如果是冬季或早春可在室内建1.5米左右高的塑料保温棚，防止热量的散发，形成局部温暖小气候。面积根据育雏数量而定，棚内用砖砌烟道，使其一端连接煤火炉，另一端连接烟筒，棚的适当位置留有1~2个出入口，便于饲喂和清扫粪便。但要特别注意防止烟道漏气，避免雏鸡煤气中毒，因而应经常检查烟道使其处于完好状态。

（二）育雏伞

育雏伞是育雏的常用设备，可由铁皮和玻璃等材料制成，包括电热育雏伞（图1-7）和燃气育雏伞。它可根据雏鸡的日龄进行人为控制温度，满足其生长需要。每个伞800~1 200瓦特，可供500~600只雏鸡使用。

图1-7 电热育雏伞

（三）红外线灯泡

红外线灯泡可散发热量供鸡取暖，通常用数个250瓦特红外线灯泡连在一起，悬于离地面35~45厘米高度，具体高度可以调节，室温低时灯泡低些，反之则高些。每盏灯可育雏100~200只。

（四）锅炉

锅炉有燃煤和燃气两种，主要用于民用取暖，供热稳定。由热水管线、水循环泵（热水）、散热片、散热风机等组成。

（五）热风炉

热风炉有燃煤和燃气两种，由室外加热和室内送风等部分组成，是一种先进的供暖装置，广泛用于畜禽养殖的加温。使用热风炉给鸡舍加温，容易使鸡舍内空气干燥，从而降低鸡舍内湿度，需要注意保持好鸡舍内的湿度。

四、通风换气设备

封闭鸡舍必须采用机械通风，以解决冬季换气和夏季降温的问题。机械通风有送气式和排气式两种。送气式通风是用通风机向鸡舍内强行送新鲜空气，使舍内形成正压，将污浊空气排走。排气式通风是用通风机将鸡舍内的污浊空气强行抽出，使舍内形成负压，新鲜空气便由进气孔进入鸡舍。过去封闭式鸡舍多采用横向通风，由一侧进风，另一侧排气。近年来有些鸡场采用纵向通风，结果证明其通风效果更好，高温季节时降温效果更为明显。

开放式鸡舍主要采用自然通风，利用门窗和天窗的开、关来调节通风量，当外界风速较大或内外温差大时通风较为有效，而在夏季闷热天气时，自然通风效果不佳，需要机械通风予以补充。常采用风扇送风（正压通风）、抽风（负压通风）和联合式通风，安装在鸡舍内空气纵向流动的位置。

通风换气设备有电风扇、轴流式风机、屋顶天窗、水蒸发式冷风机、排气扇、湿帘降温系统、自动喷雾降温设备等。通风换气设备的种类和型号有很多，可以根据实际情况选购。

（一）电风扇

电风扇是一种利用电动机驱动扇叶旋转，使空气加速流通的电器，主要用于清凉解暑和流通空气，按用途可分为家用电风扇和工业用排风扇。工业用排风扇主要用于强迫空气对流。电风扇主要由扇头、风叶、网罩和控制装置等部件组成。扇头包括电动机、前后端盖和摇头送风构件等。电风扇按电动机结构可分为单相电容式、单相罩极式、三相感应式、直流及交直流两用串激整流子式电风扇。应用比较广泛的有移动风扇和吊扇，消暑效果很好。

吊扇一般固定安装在天花板上，安装使用简便。安装方法是先将吊扇在天花板固定好后，再把电网火线接到吊扇调速器的一端，风扇的一条线接调速器的另一端，零线直通（即零线接风扇的另一条线）。吊扇可有效促使空气循环，加强舍内外空气流通，改变鸡舍内闷热通风不良的环境，新风与舍内滞留空气可不断地充分混合，舍内大面积风的流动会加快鸡体表水分的蒸发速度，从而形成自然降温，就像人沐浴后吹风感到凉快一样。在风扇覆盖的区域，鸡可以感觉到 4~6 ℃ 的温差凉爽效果。

（二）轴流式风机

轴流式风机又称局部通风机，气流与风叶的轴同方向（即风的流向和轴平行），是鸡场常用的通风换气设备，轴流式通风机主要由轴、外壳、整流器、扩散器、进风口以及叶轮组成。进风口由集风器和流线体组成，叶轮由轮毂和叶片组成。叶轮与轴固定在一起形成通风机的转子，转子支承在轴承上。当电动机驱动通风机叶轮旋转时，就有相对气流通过每一个叶片。轴流式风机的电动机和风叶都在一个圆筒里，外形就是一个筒形，可用接筒把风送到指定的区域进行局部通风，特点是安装方便、通风换气效果明显、安全。

（三）屋顶天窗

屋顶天窗是在鸡舍的屋顶上方设置的通风换气口，通常由人工根据鸡舍内的空气状况控制其开、关，实现通风换气的目的，经济适用。

（四）水蒸发式冷风机

水蒸发式冷风机有直接蒸发式冷却和间接蒸发冷却两种。

直接蒸发式冷却采用水直接蒸发冷却（DEC）方式，接近于等温加湿过程，室外空气经加湿降温后送入室内。这种冷却方式结构非常简单，成本及耗电极低，目前99%的水蒸发式冷风机采用此原理。

间接蒸发冷却先对室外空气进行等湿降温，再用直接蒸发降温方式（IEC+DEC），使室外空气获得介于露点温度与湿球温度间的出风温度。这种方式会使水蒸发，冷却效果更好，适用面更广。

(五) 排气扇

排气扇又称通风扇、负压风机、负压风扇等（图1-8），由电动机带动风叶旋转驱动气流，利用空气对流让舍内一直处于负压状态，形成一股吸力，源源不断地吸入室外的空气，并排出室内闷热的空气，从而达到通风透气、除去室内污浊空气、调节温度和湿度的目的。排气扇按进排气口分为隔墙型（隔墙孔的两侧都是自由空间，从隔墙的一侧向另一侧换气）、导管排气型（一侧从自由空间进气，而另一侧通过导管排气）、导管进气型（一

图1-8 排气扇

侧通过导管进气,而另一侧向自由空间排气)、全导管型(排气扇两侧均安置导管,通过导管进气和排气)。排气扇按气流形式分为离心式(空气由平行于转动轴的方向进入,由垂直于轴的方向排出)、轴流式(空气由平行于转动轴的方向进入,仍由平行于轴的方向排出)和横流式(空气的进入和排出均垂直于轴的方向)。

排气扇广泛应用于家庭及公共场所以及养殖业,与降温水帘一同使用可一举解决通风、降温问题。排气扇运行过程中会在室内形成一个负压环境。如果在排气扇出风口的另一侧墙上安装降温水帘,排气扇在将室内闷热空气排出室外的同时,降温水帘可将含有丰富水蒸气的低温空气吸入室内,从而达到通风、降温的效果。

(六)湿帘降温系统

湿帘降温系统有"湿帘—负压风机"降温和湿帘冷风机降温两种。

1. "湿帘—负压风机"降温

"湿帘—负压风机"由纸质多孔湿帘、水循环系统、风扇组成。未饱和的空气流经多孔、湿润的湿帘表面时,大量水分蒸发,空气中由温度体现的显热转化为蒸发潜热,从而降低空气自身的温度。风扇抽风时将经过湿帘降温的冷空气源源不断地吸入室内,从而达到降温效果。

2. 湿帘冷风机降温

湿帘冷风机(图1-9)降温是用循环水泵不间断地把接水盘内的水抽出,并通过布水系统均匀地喷淋在蒸发过滤层上,使室外热空气通过蒸发换热器(蒸发湿帘)与水分进行热量交换,通过水蒸发而达到降温、清凉的目的,洁净的空气则由低噪声风机加压送入室内,以此达到降温效果。

图1-9 湿帘冷风机

(七) 自动喷雾降温设备

自动喷雾降温设备主要由水箱、水泵、过滤器、喷头喷水管道和自动控制系统等组成。自动喷雾设备除了喷水降温外,还可在水中加入一定比例的消毒杀菌药,配成相应浓度的药液,对鸡舍进行喷雾消毒,或带鸡消毒,这样既可防暑降温,又能消毒杀菌。

五、消毒设备

舍内地面、墙面、屋顶及空气的消毒多用火焰消毒、喷雾消毒和熏蒸消毒。火焰消毒常用火焰消毒器;喷雾消毒采用的喷雾器有背负式、手提式、固定式和车式高压消毒器;熏蒸消毒采用熏蒸盆,熏蒸盆最好采用陶瓷盆或金属盆,切忌用塑料盆,以防火灾发生。

六、清粪设备

鸡舍内的清粪方式有人工清粪和机械清粪两种。机械清粪常用设备有刮板式清粪机、传送带式清粪机和抽屉式清粪机。刮板式清粪机多用于阶梯式笼养和网上平养；传送带式清粪机多用于叠层式笼养；抽屉式清粪板多用于小型叠层式鸡笼。

七、饲养工具

（一）笼具

笼具是现代化养鸡的主体设备，不同笼养设备适用于不同的鸡群。鸡的笼具主要有阶梯式鸡笼、叠层式鸡笼和种鸡笼。

1. 阶梯式鸡笼

阶梯式鸡笼（图1-10）为2~3层。其优点是各层笼敞开面积大，通风好，光照均匀；清粪作业比较简单；结构较简单，易维修；机器故障或停电时便于人工操作。其缺点是饲养密度较低。

图1-10　阶梯式鸡笼

2. 叠层式鸡笼

将半阶梯式鸡笼上下层完全重叠，就形成了叠层式鸡笼，层与层之间有输送带将鸡粪清走。其优点是舍饲密度高，鸡场占地面积大大降低，提高了饲养人员的生产效率。其缺点对鸡舍建筑、通风设备和清粪设备的要求较高。育雏期多用此笼。

3. 种鸡笼

种鸡笼有单层鸡笼和人工授精种鸡笼。与一般的鸡笼有所不同，种鸡笼应能确保公、母鸡正常交配或人工授精。应注意单笼尺寸与笼网片钢丝直径要适应种鸡体重较大的特点；一般每个单笼只养2只母鸡；笼门结构要便于抓鸡进行人工授精。

(二) 照明设备

照明设备通常由灯和灯光控制器组成。

目前采用白炽灯、日光灯和节能灯等光源来照明。白炽灯应用普遍。也可用日光灯照明，将灯管朝向天花板，使灯光通过天花板反射到地面，这种散射光比较柔和均匀。用节能灯照明可以节电。

鸡舍的灯光控制是养鸡过程中重要的一个环节。鸡舍灯光控制器有可编光照程序、时控开关、渐开渐灭型灯光控制和速开速灭型灯光控制4种功能。其功能主要包括根据预先设定，实现自动调节鸡舍光的强弱明暗、设定开启和关闭时间、自动补充光源等。养殖场（户）可根据鸡舍的结构与数量、采用的灯具类型和用电功率、饲养方式等合理选择灯光控制器功能。

(三) 测温器材

测温器材主要有干湿度计和最高最低温度计。

(四) 清洁卫生用具

清洁卫生用具包括铁锹、扫帚、水桶、刷子、水枪等，应做到每舍一套，不要串用。

(五) 秤

秤主要是用来称量饲料和鸡的体重。

第二章 鸡的品种

第一节 肉用型品种

一、溧阳鸡

溧阳鸡又称三黄鸡、九斤黄鸡。

(一) 产地 (或分布)

溧阳鸡产于江苏省溧阳市。

(二) 主要特性

溧阳鸡属肉用型鸡种。体形较大,体躯呈方形,羽毛黄色或浅褐色,部分鸡颈羽有黑色斑点,脚、喙和皮肤呈黄色。公鸡单冠直立,母鸡单冠有直立与倒冠之分。眼大,瞳孔黑色,虹彩呈橘红色。

(三) 生产性能

溧阳鸡在一般放养条件下生长速度比较慢。成年鸡体重:公鸡为3 850克,母鸡为2 600克。成年鸡屠宰率:半净膛,公鸡为87.5%,母鸡为85.4%;全净膛,公鸡为79.3%,母鸡为72.9%。溧阳鸡产蛋性能差,开产日龄为243天,500日龄产蛋量为145枚,蛋重为57克,蛋壳呈褐色。母鸡就巢性强。

二、河田鸡

(一) 产地（或分布）

河田鸡产于福建省长汀、上杭两县。

(二) 主要特性

河田鸡属肉用型鸡种。颈粗、躯短、胸宽、背阔，体躯近方形。有"大架子"（大型）与"小架子"（小型）之分。成年鸡外貌较一致，单冠直立，冠叶后部分裂成叉状冠尾，称三叉冠。皮肤白色或黄色，胫黄色。公鸡喙尖呈浅黄色；颈羽呈浅褐色；背羽、胸羽和腹羽呈浅黄色；鞍羽呈鲜艳的浅黄色；尾羽、镰羽黑色有光泽，不发达；主翼羽黑色且有浅黄色镶边。母鸡羽毛以黄色为主，颈羽的边缘呈黑色，似颈圈。

(三) 生产性能

屠体丰满、皮薄骨细、肉质细嫩、肉味鲜美。生长速度缓慢。150日龄时，公鸡体重为1 294.8克，母鸡体重为1 093.7克；成年时，公鸡体重为1 725克，母鸡体重为1 207克。120日龄屠宰率：半净膛，公鸡为85.8%，母鸡为87.1%；全净膛，公鸡为68.6%，母鸡为70.5%。开产日龄180天，年产蛋量为100枚，蛋重为43克，蛋壳以浅褐色为主，少数灰白色。母鸡就巢性极强。

三、霞烟鸡

霞烟鸡又称下烟鸡、肥种鸡。

(一) 产地（或分布）

霞烟鸡产于广西壮族自治区容县。

(二) 主要特性

霞烟鸡属肉用型鸡种。体躯短圆，腹部丰满，胸宽、胸深与骨盆宽三者相近，外形呈方形。公鸡羽毛黄红色，颈羽颜色较胸背羽更深，主、副翼羽带黑斑或白斑，有些公鸡鞍羽和镰羽有极浅的横斑纹，尾羽不发达。性成熟公鸡的腹部皮肤多呈红色。母鸡羽毛黄色。单冠，肉垂、耳叶均鲜红色。虹彩橘红色。喙基部深褐色，喙尖浅黄色，胫黄色或白色，皮肤黄色或白色。

(三) 生产性能

在较好的饲养管理水平下，90日龄时，公鸡体重为922.0克，母鸡体重为776.0克；150日龄时，公鸡体重为1 595.6克，母鸡体重为1 293.0克；成年时，公鸡体重为2 500克，母鸡体重为1 800克。180日龄屠宰率：半净膛，公鸡为82.4%，母鸡为87.9%；全净膛，公鸡为69.2%，母鸡为81.2%。阉鸡屠宰率：半净膛为84.8%，全净膛为74.0%。霞烟鸡肌间和皮下脂肪沉积能力强，因此肉质好，肉味鲜；育肥后肌间脂肪丰满，屠体美观，肉质细嫩。开产日龄为170~180天，年产蛋量为140~150枚，蛋重为44克，蛋壳呈浅褐色。

四、桃源鸡

桃源鸡又称桃源大种鸡。

(一) 产地 (或分布)

桃源鸡主产于湖南省桃源县中部，长沙、岳阳、郴州等地也有分布。

(二) 主要特性

桃源鸡属肉用型鸡种。体形大，体质结实，羽毛蓬松，体躯稍长、呈长方形。公鸡头颈高昂，尾羽上翘，侧视呈"U"形。母鸡体稍高，背较长而平直，后躯深圆。公鸡羽毛呈金黄色或红色，主翼羽和尾羽呈黑色，颈羽金黄色或兼有黑斑。母鸡羽毛有黄色和麻色两种类型，黄羽型的背羽呈黄色，颈羽呈麻黄色，喙、胫呈青灰色，皮肤白色。单冠，公鸡冠直立，母鸡冠倒向一侧。

（三）生产性能

桃源鸡生长缓慢，尤其早期生长发育迟缓。90日龄时，公鸡体重为1 093克，母鸡体重为862克。成年时，公鸡体重为3 342克，母鸡体重为2 940克。180日龄屠宰率：半净膛，公鸡为83.7%，母鸡为81.5%；全净膛，公鸡为75.5%，母鸡为68.7%。开产日龄为195天，年产蛋量为158枚，蛋重为53克，蛋壳呈浅褐色。母鸡就巢性强。

五、惠阳胡须鸡

惠阳胡须鸡又称三黄胡须鸡、龙岗鸡、龙门鸡、惠州鸡。

（一）产地（或分布）

惠阳胡须鸡主产于广东省惠阳地区。

（二）主要特性

惠阳胡须鸡属小型肉用鸡种。体躯呈葫芦瓜形，胸深背宽，后躯丰满。其标准特征为颌下有发达而张开的胡须状髯羽，单冠直立。公鸡背部羽毛枣红色，分有主尾羽和无主尾羽两种，主尾羽多呈黄色，有少量黑色，腹羽颜色比背羽颜色稍淡。母鸡全身羽毛黄色，主翼羽和尾羽有少量黑色，尾羽不发达；喙、胫黄色，虹彩橙黄色。耳叶红色。

（三）生产性能

惠阳胡须鸡育肥性能良好，脂肪沉积能力强。成年时，公鸡体重为2 228克，母鸡体重为1 601克。120日龄屠宰率：半净膛，公鸡为86.7%，母鸡为84.6%；全净膛，公鸡为81.1%，母鸡为76.7%。开产日龄为150天，年产蛋量为108枚，蛋重为46克，蛋壳呈浅褐色或乳白色。

六、清远麻鸡

（一）产地（或分布）

清远麻鸡主产于广东省清远市。

（二）主要特性

清远麻鸡属肉用型鸡种，体形特征可概括为"一楔""二细""三麻身"。"一楔"指母鸡体形为楔形，前躯紧凑，后躯圆大；"二细"指头细、脚细；"三麻身"指母鸡背羽主要有麻黄色、麻棕色、麻褐色3种颜色。公鸡头部、背部的羽毛金黄色，胸羽、腹羽、尾羽及主翼羽黑色，肩羽、鞍羽枣红色。母鸡头部和颈前1/3的羽毛深黄色，背部羽毛分黄色、棕色、褐色3种，有黑色斑点，形成麻黄色、麻棕色、麻褐色3种。单冠直立，喙、胫黄色，虹彩橙黄色。

（三）生产性能

清远麻鸡以农家饲养放牧为主，天然食饵丰富的条件下其生长速度较快，120日龄时，公鸡体重为1 250克，母鸡体重为1 000克；成年时，公鸡体重为2 180克，母鸡体重为1 750克。180日龄屠宰率：半净膛，公鸡为83.7%，母鸡为85.0%；全净膛，公鸡为76.7%，母鸡为75.5%，开产日龄为150～210天，年产蛋量为78枚，蛋重为47克，蛋壳呈浅褐色。

七、杏花鸡

杏花鸡又称米仔鸡。

（一）产地（或分布）

杏花鸡主产于广东省封开县。

（二）主要特性

杏花鸡属小型肉用型鸡种。结构匀称，体质结实，被毛紧凑，前躯窄，后躯宽。其特征可概括为"两细"（头细、脚细）、"三黄"（羽黄、皮黄、胫黄）、"三短"（颈短、体躯短、脚短）。雏鸡以"三黄"为主，全身绒羽淡黄色。公鸡头大，冠大直立，冠、耳叶及肉垂鲜红色；虹彩橙黄色；羽毛黄色略带金红色，主翼羽和尾羽有黑色；胫黄色。母鸡头小，喙短而黄；单冠，冠、耳叶及肉垂红色；虹彩橙黄色；体羽黄色或浅黄色，颈基部羽多有黑色斑点，形似项链；主、副翼羽的内侧多呈黑色，尾羽多数有几根黑羽。

(三) 生产性能

农家饲养条件下，杏花鸡早期生长缓慢。使用配合饲料，112日龄时，公鸡体重为1 256克，母鸡体重为1 032克，未开产母鸡，一般养到5~6月龄，体重为1 000~1 200克。成年时，公鸡体重为1 950克，母鸡体重为1 590克。112日龄屠宰率：半净膛，公鸡为79.0%，母鸡为76.0%；全净膛，公鸡为74.7%，母鸡为70.0%。皮薄且有皮下脂肪，细腻光滑，肌肉脂肪分布均匀，肉质特优，适宜制作白条鸡。开产日龄为150天，年产蛋量为95枚，蛋重为45克，蛋壳呈褐色。

第二节　蛋用型品种

一、仙居鸡

仙居鸡又称梅林鸡、元宝鸡。

(一) 产地（或分布）

仙居鸡产于浙江省仙居县及邻近的临海市、天台县、黄岩区。

(二) 主要特性

仙居鸡属蛋用型鸡种。仙居鸡有黄色、黑色、白色3种羽色，黑羽者体形最大，黄羽者次之，白羽者略小。目前资源保护场在培育的目标上，主要是黄羽鸡种的选育，黄羽鸡种的外貌特征是羽毛紧凑，尾羽高翘，健壮结实，单冠直立，喙短、呈棕黄色，胫黄色无毛。部分鸡只颈部羽毛有鳞状黑斑，主翼羽红色夹黑色，镰羽和尾羽均呈黑色。虹彩多呈橘黄色，皮肤呈白色或浅黄色。

（三）生产性能

仙居鸡体形小，生长速度中度，早期增重慢，属于早熟品种。180日龄时，公鸡体重为1 256克，母鸡体重为953克；成年时，公鸡体重为1 440克，母鸡体重为1 250克。180日龄屠宰率：半净膛，公鸡为82.7%，母鸡为83.0%；全净膛，公鸡为71.0%，母鸡为72.2%。开产日龄为150天，年产蛋量为160~180枚，蛋重为44克，蛋壳以浅褐色为主。该品种有一定就巢性，就巢母鸡占鸡群10%~20%，多发生于4—5月。

二、白耳黄鸡

白耳黄鸡又称白耳银鸡、江山白耳鸡、玉山白耳鸡、上饶白耳鸡。

（一）产地（或分布）

白耳黄鸡主产于江西省上饶市广丰区、广信区、玉山县和浙江省江山市。

（二）主要特性

白耳黄鸡属我国稀有的白耳蛋用早熟鸡种。白耳黄鸡的选择以"三黄一白"的外貌为标准，即黄羽、黄喙、黄脚、白耳。单冠直立，耳垂大、呈银白色，虹彩金黄色，喙略弯、呈黄色或灰黄色，全身羽毛黄色，大镰羽黑色呈绿色光泽，小镰羽橘红色。皮肤和胫部呈黄色，无胫羽。

(三) 生产性能

白耳黄鸡体形小，60日龄时公鸡体重为435.78克，母鸡体重为411.5克；150日龄时，公鸡体重为1 265克，母鸡体重为1 020克；成年时，公鸡体重为1 450克，母鸡体重为1 190克。成年鸡屠宰率：半净膛，公鸡为83.3%，母鸡为85.3%；全净膛，公鸡为76.7%，母鸡为69.7%。开产日龄为152天，年产蛋量为184枚，蛋重为55克，蛋壳呈深褐色。

三、坝上长尾鸡

(一) 产地（或分布）

坝上长尾鸡产于河北省坝上地区，张北县、沽源县、康保县、尚义县、丰宁满族自治县、围场满族蒙古族自治县等地区都有分布。

(二) 主要特性

坝上长尾鸡属蛋用型鸡种。头中等大，颈较短，背宽，体躯较长，尾羽高翘，背线呈"V"形。全身羽毛较长，羽层松厚。母鸡按羽毛颜色可分为麻色、黑色、白色和白花色4种羽色，其中以麻羽为主。颈羽、肩羽、鞍羽等主要由镶边羽构成，羽片基本呈黑褐色相间。公鸡羽色以红色居多，约占80%。尾羽较长，公鸡的镰羽长40~50厘米，长尾鸡便由此得名。冠型以单冠居多，草莓冠次之，玫瑰冠和豆冠最少。

(三) 生产性能

成年时，公鸡体重为1 800克，母鸡体重为1 240克。成年公鸡屠宰率：半净膛为75.5%，全净膛为68.5%。开产日龄为270天，年产蛋量为100~120枚，蛋重为54克，蛋壳呈深褐色。

四、绿壳蛋鸡

绿壳蛋鸡是产绿壳鸡蛋的蛋鸡总称。绿壳蛋鸡的形成，可能是纯黑羽乌鸡与野鸡自然杂交的结果。最早发现于江南山区,经过进一步选育,形成绿壳蛋鸡的品系或配套系,主要分布于江西、湖北、山东、江苏等地。

特征为"五黑一绿",即黑毛、黑皮、黑肉、黑骨、黑内脏,所产蛋的蛋壳绿色。

绿壳蛋鸡体形较小,结实紧凑,行动敏捷,匀称秀丽,性成熟较早,产蛋量较高。

(一)东乡黑羽绿壳蛋鸡

东乡黑羽绿壳蛋鸡由江西省东乡区农业科学研究所和江西省农业科学院畜牧兽医研究所培育而成。体形较小,产蛋性能较高,适应性强,羽毛全黑,皮、骨、肉、内脏、喙、趾均为黑色。母鸡羽毛紧凑,单冠直立,冠齿5~6个,眼大有神,大部分耳叶呈浅绿色,肉垂深而薄,羽毛片状,胫细而短,成年体重1.1~1.4千克。公鸡雄健,鸣叫有力,单冠直立呈暗紫色,冠齿7~8个,耳叶呈紫红色,颈羽、尾羽泛绿光且上翘,成年体重1.4~1.6千克,体形呈"V"形。大群饲养的商品代,绿壳蛋比率为80%左右。该品种经过5年4个世代的选育,体形外貌一致,纯度较高,其父系公鸡常用来与蛋用型母鸡杂交生产出高产的绿壳蛋鸡商品代母鸡,我国多数厂家培育的绿壳蛋鸡品系中均含有该鸡的血缘。但该品种就巢性较强,因而产蛋率较低。

(二)三凰绿壳蛋鸡

三凰绿壳蛋鸡由江苏省家禽科学研究所(中国农业科学院家禽研究所)选育而成,有黄羽、黑羽两个品系,其血缘均来自我国的地方品种,单冠、黄喙、黄腿、耳叶红色。开产日龄为155~160天;开产时,母鸡体重为1.25千克,公鸡体重为1.5千克;300日龄平均蛋重为45克,500日龄产蛋量为180~185枚,父母代鸡群绿壳蛋比率为97%左右;大群商品代鸡群中绿壳蛋比率为93%~95%。成年公鸡体重为1.85~1.90千克，成年母鸡体重为1.5~1.6千克。

(三) 三益绿壳蛋鸡

三益绿壳蛋鸡由武汉三益家禽育种有限公司杂交培育而成，其最新的配套组合为东乡黑羽绿壳蛋鸡公鸡作父本，国外引进的粉壳蛋鸡作母本，进行配套杂交。商品代鸡群中麻羽、黄羽、黑羽基本各占1/3，可利用快慢羽鉴别法进行雌雄鉴别。母鸡单冠、耳叶红色、青腿、青喙、黄皮；开产日龄为150~155天，开产体重为1.25千克，300日龄平均蛋重为50~52克，500日龄产蛋量为210枚，绿壳蛋比率为85%~90%，成年母鸡体重为1.5千克。

(四) 新杨绿壳蛋鸡

新杨绿壳蛋鸡由上海新杨家禽育种中心培育。父本来自我国经过高度选育的地方品种，母本来自国外引进的高产白壳或粉壳蛋鸡，经配合力测定后杂交培育而成，以重点突出产蛋性能为主要育种目标。商品代母鸡羽毛白色，但多数鸡身上带有黑斑；单冠，冠、耳叶多数为红色，少数黑色；60%左右的母鸡青脚、青喙，其余为黄脚、黄喙；开产日龄为140天时，产蛋率为5%，产蛋率达50%的日龄为162天；开产体重为1.0~1.1千克，500日龄入舍母鸡产蛋量达230枚，平均蛋重为50克，蛋壳颜色基本一致，大群饲养鸡群绿壳蛋比率为70%~75%。

(五) 招宝绿壳蛋鸡

招宝绿壳蛋鸡由福建省永定区湖雷镇闽西招宝珍禽开发公司选育而成。该鸡种和江西东乡黑羽绿壳蛋鸡的血缘来源相似。母鸡羽毛黑色，黑皮、黑肉、黑骨、黑冠。开产日龄较晚，为165~170天，开产体重为1.05千克，500日龄产蛋量为135~150枚，平均蛋重为42~43克，商品代鸡群绿壳蛋比率为

80%～85%。

(六)昌系绿壳蛋鸡

昌系绿壳蛋鸡原产于江西省南昌县。该鸡种体形矮小，羽毛紧凑，未经选育的鸡群毛色杂乱，大致可分为4种类型：白羽型、黑羽型（全身羽毛除颈部有红色羽圈外，均为黑色）、麻羽型（麻色有大麻色和小麻色）、黄羽型（同时具有黄皮、黄脚）。头细小，单冠红色；喙短稍弯，呈黄色。体重较轻，成年公鸡体重为1.30～1.45千克，成年母鸡体重为1.05～1.45千克，部分鸡有胫毛。开产日龄较晚，大群饲养平均为182天；开产体重为1.25千克，开产平均蛋重为38.8克；500日龄产蛋量为89.4枚，平均蛋重为51.3克；就巢率10%左右。

绿壳蛋鸡性情温和、喜群居、抗病力强，全国各地均可饲养，可进行笼养、圈养和散养。

第三节 兼用型品种

一、北京油鸡

(一)产地(或分布)

北京油鸡主产于北京市郊区。

(二)主要特性

北京油鸡属肉蛋兼用型鸡种。其中羽毛呈赤褐色（俗称紫红毛）的鸡体形偏小；羽毛呈黄色（俗称素黄色）的鸡体形偏大。初生雏鸡全身披着淡黄色或土黄色绒羽，冠羽、胫羽、髯羽也很明显，体浑圆。成年鸡的羽毛厚密而蓬松，有冠羽和胫羽，有些个体兼有趾羽。多数个体的颌下或颊部生有髯羽。冠型为单冠，冠叶小而薄，在冠叶的前段常形成一个小的"S"状褶曲，冠齿不甚整齐。虹彩多呈棕褐色，喙和胫呈黄色，少数个体分生五趾。

（三）生产性能

北京油鸡生长速度缓慢。初生重为38.4克，4周龄重为220克，8周龄重为549.1克，12周龄重为959.7克。成年公鸡体重为2 049克，成年母鸡体重为1 730克。

成年鸡屠宰率：半净膛，公鸡为83.5%，母鸡为70.7%；全净膛，公鸡为76.6%，母鸡为64.6%。性成熟较晚，开产日龄210天，年产蛋量为110枚，平均蛋重为56克，蛋壳呈褐色，个别呈淡紫色。

北京油鸡屠体皮肤微黄、紧凑丰满、肌间脂肪分布良好、肉质细嫩、肉味鲜美，尤其适于山区散养，肉料比1∶3.5。部分个体有就巢性。

二、大骨鸡

大骨鸡又称庄河鸡。

（一）产地（或分布）

大骨鸡主产于辽宁省庄河市，还分布于吉林、黑龙江、山东等省。

（二）主要特性

大骨鸡属肉蛋兼用型鸡种。大骨鸡体形魁伟，胸深且广，背宽而长，腿高粗壮，敦实有力，腹部丰满，觅食力强。公鸡羽毛棕红色，尾羽黑色并带金属光泽。母鸡羽毛多呈麻黄色。头颈粗壮，眼大明亮，单冠，冠、耳叶、肉垂均呈红色。喙、胫、趾均呈黄色。

（三）生产性能

大骨鸡90日龄时，公鸡体重为1 039.5克，母鸡体重为881

克；120日龄时，公鸡体重为1 478克，母鸡体重为1 202克；150日龄时，公鸡体重为1 771克，母鸡体重为1 415克；成年时，公鸡体重为2 900克，母鸡体重为2 300克。产肉性能好，全净膛屠宰率70%~75%。开产日龄为213天，年产蛋量为160枚，蛋重为63克，蛋壳呈深褐色。就巢率为5%~10%，就巢持续期为23~30天，60日龄育雏率达85%以上。

三、狼山鸡

（一）产地（或分布）

狼山鸡产于江苏省如东县，以马塘镇、岔河镇为中心，旁及掘港镇、栟茶镇、丰利镇及双甸镇，南通市石港镇等地也有分布。

（二）主要特性

狼山鸡属肉蛋兼用型鸡种。狼山鸡羽色分为纯黑色、黄色和白色3种，其中纯黑色鸡最多。该鸡种体呈"U"形，头尾高翘，背平，头部短圆，脸部、耳叶及肉垂均呈鲜红色，虹彩以黄色为主，皮肤为白色，喙黑褐色，胫黑色。

（三）生产性能

狼山鸡前期生长速度不快，初生重40克，30日龄体重为157克；60日龄体重为463克；90日龄时，公鸡体重为1 070克，母鸡体重为940克；120日龄时，公鸡体重为1 750克，母鸡体重为1 333克；150日龄时，公鸡体重为2 403克，母鸡体重为1 673克；成年时，公鸡体重为2 840克，母鸡体重为2 283克。195日龄屠宰率：半净膛，公鸡为82.8%，母鸡为80.1%；全净膛，公鸡76.9%，母鸡69.4%。开产日龄为208天，年产蛋量为160~170枚，蛋重为59克，蛋壳呈褐色。农家放牧条件下，就巢率为11.89%，平均持续就巢期为11.23天。

四、萧山鸡

萧山鸡又称越鸡、萧山红毛大阉鸡。

(一) 产地(或分布)

萧山鸡主产于浙江省杭州市萧山区。

(二) 主要特性

萧山鸡属肉蛋兼用型鸡种。体形较大，外形浑圆，公鸡羽毛紧凑，头昂尾翘，单冠红色、直立，肉垂、耳叶红色，虹彩橙黄色，全身羽毛有红色、黄色两种颜色。母鸡全身羽毛以黄色为主，有部分麻栗色。喙、胫黄色。

(三) 生产性能

萧山鸡早期生长速度快，特别是2月龄阉割后生长速度更快。90日龄时，公鸡体重为1 247.9克，母鸡体重为793.8克；120日龄时，公鸡体重为1 604.6克，母鸡体重为921.5克；150日龄时，公鸡体重为1 785.8克，母鸡体重为1 206克；成年时，公鸡体重为2 758克，母鸡体重为1 940克。150日龄屠宰率：半净膛，公鸡为84.7%，母鸡为85.6%；全净膛，公鸡为76.5%，母鸡为66.0%。屠体皮肤黄色，皮下脂肪较多，肉质好。开产日龄为180天，年产蛋量为141枚，蛋重为57克，蛋壳呈褐色。

五、寿光鸡

寿光鸡又称慈伦鸡。

(一) 产地(或分布)

寿光鸡产于山东省寿光市。

(二) 主要特性

寿光鸡属肉蛋兼用型鸡种。寿光鸡主要有大型和中型两种，还有少数小型。大型寿光鸡外貌雄伟，体躯高大，骨骼粗壮，体长胸深，胸部发达，胫高而粗，体形近似方形。成年鸡全身羽毛黑色，颈背面、前胸、背、鞍、腰、肩、翼羽、镰羽等部位呈深黑色带绿色光泽。其他部位羽毛略淡，呈黑灰色。单冠，公鸡冠大而直立；母鸡冠形有大小之分，喙、胫、趾灰黑色，皮肤白色。

(三) 生产性能

寿光鸡个体高大，屠宰率高。成年母鸡脂肪沉积能力强，肉质鲜美。90日龄时，公鸡体重为1 310克，母鸡体重为1 056.6克；120日龄时，公鸡体重为2 187克，母鸡体重为1 775.3克。大型成年鸡，公鸡体重为3 610克，母鸡体重为3 310克；中型成年鸡，公鸡体重为2 880克，母鸡体重为2 340克。成年鸡屠宰率：大型鸡半净膛，公鸡为83.7%，母鸡为80.3%；中型鸡半净膛，公鸡为83.7%，母鸡为77.2%；大型鸡全净膛，公鸡为72.3%，母鸡为65.6%；中型鸡全净膛，公鸡为71.8%，母鸡为63.2%。开产日龄：大型鸡为240~270天，中型鸡为190~210天。年产蛋量：大型鸡为90~100枚，中型鸡为120~150枚。蛋重：大型鸡为65~75克，中型鸡为60~65克。蛋壳呈褐色。

寿光鸡是我国的地方良种之一，遗传性能较为稳定，外貌特征比较一致，体形硕大，蛋重大，就巢性弱。但有早期生长慢、成熟晚、产蛋量少等缺点。

六、固始鸡

(一) 产地（或分布）

固始鸡原产于河南省固始县，分布于河南省的商城县、新县、淮滨县等及安徽省的霍邱县、金寨县等。

(二) 主要特性

固始鸡属肉蛋兼用型鸡种。体形中等，细致紧凑，结构匀称，羽毛丰满。公鸡羽色呈深红色和黄色，母鸡羽色以麻黄色和黄色为主，白色、黑色很少。尾型分为佛手状尾和直尾两种，佛手状尾的尾羽向后上方卷曲，悬空飘摇。成年鸡冠分为单冠与豆冠两种，以单冠居多。冠直立，冠、肉垂、耳叶和脸均呈红色，虹彩浅栗色。喙短略弯曲，呈青黄色。胫呈靛青色，四趾，无胫羽。皮肤呈暗白色。

（三）生产性能

固始鸡早期生长速度慢，60 日龄时，公、母鸡平均体重为 265.7 克；90 日龄时，公鸡体重为 487.8 克，母鸡体重为 355.1 克；180 日龄时，公鸡体重为 1 270 克，母鸡体重为 966.7 克；成年时，公鸡体重为 2 470 克，母鸡体重为 1 780 克。180 日龄屠宰率：半净膛，公鸡为 81.8%，母鸡为 80.2%；全净膛，公鸡为 73.9%，母鸡为 70.7%。开产日龄为 205 天，年产蛋量为 141 枚，蛋重为 51 克，蛋壳呈褐色。

七、江汉鸡

江汉鸡又称土鸡、麻鸡。

（一）产地（或分布）

江汉鸡分布于湖北省江汉平原。

（二）主要特性

江汉鸡属肉蛋兼用型鸡种。体形矮小，身长胫短，后躯发育良好。公鸡头大，呈长方形；多为单冠，直立，呈鲜红色；虹彩多为橙红色；肩背羽毛多为金黄色；镰羽发达，呈黑色发绿光。母鸡头小；单冠，有时倒向一侧。羽毛多为黄麻色或褐麻色，尾羽多斜立。喙、胫有青色和黄色两种。无颈羽。

（三）生产性能

成年鸡体重，丘陵地区：公鸡为 1 765 克，母鸡为 1 380 克；

平原地区：公鸡为1 342克，母鸡为1 127克。180日龄屠宰率：半净膛，公鸡为78.8%，母鸡为75.5%；全净膛，公鸡为71.4%，母鸡为67.8%。开产日龄为238天，丘陵地区的鸡年产蛋量为151枚，平原地区的鸡年产蛋量为162枚，蛋重为44克，蛋壳多为褐色，少数白色。

第三章 人工孵化技术

第一节 种蛋选择与处理

一、种蛋的选择

(一) 种蛋的来源

种蛋应选自生产性能和繁殖性能优良、饲养管理正常、公母配比适当、经过系统免疫程序的健康种鸡群。种鸡的受精率应达到85%以上,种鸡健康与否直接影响种蛋和雏鸡的质量。

(二) 种蛋的新鲜程度

种蛋的存放时间不能过长,一般以不超过1周为宜,最好保存3~5天。存放2周以上的种蛋孵化率明显降低,孵化期推迟。种蛋保存期超过4天时,每多存放1天,孵化时间延迟20~30分钟,孵化率下降4%。

(三) 种蛋的形状和大小

种蛋的形状以接近卵圆形为佳,异形蛋的孵化率明显低于正常蛋。过长、过圆以及诸如葫芦形、腰鼓形、两端或一端尖形的畸形蛋均不能作孵化用。种蛋的重量应为52~73克,在此范围以外的种蛋一般不宜入选。剔除钢皮蛋、沙壳蛋、皱纹蛋、变形蛋、裂纹蛋。

(四) 蛋壳厚度和颜色

蛋壳应致密,厚薄要适度,过厚不利于破壳出雏,过薄易破碎。种蛋蛋壳厚度为 0.33~0.35 毫米的孵化率最高。蛋壳呈沙皮状及顶部有沙顶症状的不宜入选。不同品种的种鸡所产的蛋颜色不同,种蛋的颜色应符合本品种的要求。

(五) 种蛋表面要清洁卫生

沾染粪便、污泥、饲料等过脏的蛋或有裂纹的蛋常会受微生物污染而容易腐坏,引起种蛋变质或造成死胎。

(六) 照蛋

采用照蛋器检查种蛋,内部粘壳、散黄、卵黄流动性大、蛋内有气泡、气室偏、气室流动、气室在中间或小头的蛋等都不能选作孵化用的种蛋。新鲜蛋的卵黄颜色呈暗红色或暗黄色,占据蛋的中心位置。

二、种蛋的收集

收集种蛋的目的是减少种蛋的污染和破损,提高孵化率。为此,应做好以下工作。

(一) 鸡舍清洁卫生

平养时,产蛋箱和蛋箱垫料的卫生尤为重要,垫料需每周换 1~2 次。垫料应选择柔软、吸水性好的材料,如锯木屑、稻草、麦秸、碎玉米芯等。

(二) 增加种蛋收集次数

勤收蛋可以减少种蛋破损,保持蛋面清洁。每天收蛋 3~4 次较为合理,过冷或过热的季节每天收蛋 5~6 次。平养时,每天最后 1 次收蛋后要关闭产蛋箱。

(三) 减少窝外蛋

初产母鸡未经训练、产蛋箱不足或垫料潮湿、不清洁是产生窝外蛋的主要原因。窝外蛋不但很容易受到污染,而且会造成鸡啄蛋的恶癖。一般每 4~6 只鸡要配备 1 个产蛋箱,产蛋箱应放置在光线较暗的地方，同时要保证充足的垫料，为产蛋创造舒适的环境。对于刚开产的青年母鸡，可以在产蛋箱中放置假蛋，引诱其进入产蛋箱中产蛋。

（四）减少笼养鸡种蛋的破损率

笼养时要注意笼底铁丝的粗细、弹性、坡度等要素，以降低种蛋的破损率。

（五）分类收集

收集种蛋时，把特大、特小、畸形、破损和污染严重的种蛋拣出，这样可以减少对其他种蛋的污染，节省种蛋选择时间。

三、种蛋的包装和运输

装运种蛋是良种引进、交换和推广过程中不可缺少的一个环节，孵化期应给予高度重视，否则将引起较大的经济损失。

（一）种蛋的包装

引进种蛋时需要对种蛋进行长距离运输，如果保护不当，会引起种蛋破损、卵黄系带松弛或气室破裂而使孵化率降低。种蛋最好采用规格化的种蛋箱包装，种蛋箱要结实，能承受一定的压力；种蛋要用纸格一个一个隔开或使用特制的纸蛋托，以避免相互接触、相互碰撞。种蛋箱装满后用胶带纸或打包带把箱口封好，便可装车运输。如果没有专用种蛋箱，也可用木箱或竹筐装运，这时可用废纸将种蛋逐个包好，装入箱（筐）内，种蛋箱各层之间填充锯木屑、稻草等垫料，以防撞击和震动，防止种蛋之间的直接接触。无论使用何种种蛋箱，都应使种蛋保持大头向上或平放，以减少蛋的破损，还要盖好防雨设施。一般种蛋箱内放 2 列 5 层压模蛋托，每个蛋托装蛋 30 枚，每箱装蛋 300 枚。

（二）种蛋的运输

在种蛋的运输过程中，不管使用什么交通工具，都应注意防止日晒雨淋。夏季运输种蛋时,要注意遮阴和防雨;冬季运输时应注意保暖、防潮。种蛋运输工具要求快速平稳,减少震动,搬运时轻装轻放,严禁猛烈震动,防止出现卵黄膜破裂、卵黄系带折断等现象。种蛋运到孵化场所后,应尽快开箱检查。剔除破损蛋,及时码盘、消毒、入孵。另外,在高温高湿天气,装车前应将种蛋从蛋库内搬出放置在室温下2小时,以防止种蛋"冒汗"。

四、种蛋的保存

为了集中入孵,种蛋往往需要保存数日才进入孵化器进行孵化。另外,种蛋孵化场也经常需要定期存放种蛋。如果保存的条件不当,种蛋会因品质下降而影响孵化率。因此,应按种蛋所要求的环境条件来保存,以保持种蛋的品质。种蛋的保存需要注意以下事项。

(一)环境温度适宜

环境温度因储存时间的不同而不同。若储存期少于7天,温度以13~17 ℃为宜;超过7天时温度以10~12 ℃为宜。同时,还要求储存温度相对恒定,不可忽高忽低。如过高或过低,都会对种蛋造成不良影响。当环境温度高于23.9 ℃时,胚胎开始发育,这会导致在孵化过程中部分鸡胚早期死亡,以及孵化时死胎增加;当环境温度低于5 ℃甚至0 ℃以下时,就会使种蛋因低温应激或者受冻而不能用于孵化;若环境温度长时间低于10 ℃,种蛋也会因长时间的低温应激而失去继续发育的能力。鸡的体温为40~43 ℃,种蛋产出到储存应是一个逐渐降温的过程。如降温过快,会对胚胎造成一定的损害。一般降温时间以0.5~1.0天为宜。因此种蛋在进入储蛋库保存前的温度高于储蛋库温度时,应逐步降温(最好在储蛋库内设有缓冲间),使种蛋的温度接近储蛋库温度后,再放入储蛋库内保存。同样,种蛋由储存室转入孵化室进行孵化也应是一个逐渐升温的过程,温度上升不可过快。

(二) 环境湿度合理

种蛋在储存过程中,蛋内水分会通过蛋壳上的气孔不断向外散发,导致种蛋气室增大、失重,随着时间的延长,会使种蛋孵化率降低甚至失去活力。所以,种蛋需储存在相对湿度为70%~80%的环境中,以延缓这一变化趋势。若相对湿度过低,种蛋内的水分会通过蛋壳表面的小孔散失,导致胚胎脱水;过高又容易出现蛋壳表面霉菌滋生的现象。此外,还有两点需要注意。其一,当种蛋由冷库向温度高的地方转运时,水蒸气会凝集到蛋壳上,形成水滴,俗称"冒汗"。种蛋"冒汗"不仅不利于操作,而且容易受到细菌污染。可以通过逐步提高蛋温与降低湿度两种方式解决种蛋冒汗问题,现实生产中多采用逐步提高蛋温的办法。同时,要注意不能用福尔马林熏蒸有水汽的种蛋,要待全部种蛋都干燥后方可熏蒸。其二,经过溶液浸泡或清洗的种蛋,因其蛋壳表面的胶质层已被破坏,种蛋失去了良好的天然保护屏障,某些病原微生物容易进入蛋内,进而影响种蛋的质量,使其活力下降甚至失去活力,因此,经过浸洗的种蛋保存时间不能过长,通常以2天为限。

(三) 种蛋保存时的通气

种蛋储存室应保持通风良好、清洁卫生、无特殊气味。储蛋库内应有缓慢适度的通气,以防种蛋发霉。蛋盘的放置与墙壁应有适当的距离,保持一定的空隙,有利于通风换气。

(四) 蛋位摆放合理

种蛋在储存期间,如果蛋位摆放不当,或长期放置不动,就会导致卵黄、胚盘与蛋壳粘连的发生,甚至造成胚胎的早期死亡。因此，通常要求种蛋储存期间大头向上、小头向下，这样有利于种蛋存放和孵化出雏；当储存时间较长时，为防止粘连的发生，宜每天翻蛋1次或将蛋的大头朝下放置。这样，可使气室和卵黄得到相对固定，避免种蛋内容物与蛋壳粘连，有利于保证正常的孵化率。种蛋如需保存更长时间，可将种蛋装入不透气的塑料袋内，填充氮气，密封后放入蛋箱内保存。这样，可阻止蛋内物质和微生物的代谢，防止蛋内水分过分蒸发，使种蛋保存期延长到3~4周，孵化率仍可达到75%~85%。

(五) 储存时间适当

鲜蛋的蛋清具有杀菌作用，随着储存时间的延长，蛋清的杀菌作用逐渐下降，如储存时间过长，会使蛋内水分蒸发过多，种蛋内部卵黄和蛋清的理化性质发生改变，pH值降低，系带和卵黄膜变脆，各种酶的活性增强，同时胚胎蛋白黏稠度也会随之发生变化，进而使其携氧能力也下降，导致种蛋衰老、孵化率降低，而且孵化出的雏鸡质量会随之降低。同时，种蛋表面大肠杆菌等致病菌也可能会随时间的延长而增多，对种蛋的质量和孵化造成一定的负面影响，尤其是一些可对孵化产生严重危害作用的病原微生物，可能会使种蛋失去孵化能力。通常来说，当储存时间在15天以上时，孵化率大幅下降，孵化时间延长，且雏鸡的质量也明显变差；当储存时间超过3周时，孵化率会急剧下降；若时间在1个月以上，可能导致绝大部分种蛋失去活力，不能用于孵化。所以，种蛋的储存时间应尽可能短，以不超过7天为宜。

(六) 定时消毒检查种蛋库

要随时保持储蛋库的清洁，定期用消毒剂擦洗天花板、墙壁和地面。冷却器和增湿器（水盘）要注意不可受到细菌、霉菌等污染。

五、种蛋的消毒

种蛋的消毒至关重要,种蛋入孵前必须进行1次消毒。常用方法有以下7种。

(一) 福尔马林熏蒸消毒法

这种方法效果较好,操作简单,安全可靠,特别是对病毒和支原体消毒效果更好。

目前,种蛋和孵化器多采用这种消毒方法。对清洁度较差或外购的种蛋,每立方米用42毫升福尔马林加21克高锰酸钾,在温度25~27℃、相对湿度60%~75%的条件下,封闭熏蒸20~30分钟,可杀死蛋壳上95.0%~98.5%的病原体。具体操作步骤是先将高锰酸钾放入搪瓷盆中,将盆放在孵化器的孵化箱底部,加入少量温水,再将福尔马林缓慢倒入盆中,立即关闭孵化器箱门,熏蒸30分钟后,打开孵化器箱门或打开风机进行通风,排出剩余福尔马林蒸气,待无气味后关闭孵化器箱门开机升温。熏蒸消毒时注意的问题是种蛋在孵化器箱里消毒时,应避开24~96小时胚龄的胚蛋;福尔马林与高锰酸钾化学反应很剧烈,又具有很大的腐蚀性,所以要用搪瓷盘,不能用金属容器,操作时要注意安全;种蛋从储蛋库取出,在蛋壳上会凝有水珠,一定要让水珠蒸发后再消毒,否则对胚胎不利;福尔马林溶液挥发性很强,要随用随取。如发现福尔马林与高锰酸钾混合后,只冒泡产生少量烟雾,说明福尔马林已经失效。

(二) 苯扎溴铵浸泡消毒法

苯扎溴铵是阳离子表面活性剂,能破坏细胞膜,改变其通透性而起杀菌作用,但不能杀灭芽孢。苯扎溴铵兼有杀菌和去垢效力,价格便宜,使用方便,消毒效果好。苯扎溴铵原液浓度为5%,使用时配成1∶1 000的水溶液,水的温度要求在35~

45 ℃，将种蛋浸泡 3 分钟，或者直接喷洒到种蛋的表面。使用此法消毒种蛋时，切不可混入肥皂、碘、高锰酸钾、氯化汞和碱等，否则药液失效。

(三) 高锰酸钾溶液浸泡法

高锰酸钾为黑紫色结晶，有金属光泽，易溶于水，其强氧化性可使细菌细胞的蛋白质变性，起到杀菌作用。将种蛋浸泡在 0.5% 高锰酸钾溶液中 1~3 分钟，捞出晾干后装盘入孵。也可用 0.2% 高锰酸钾溶液，水温在 40 ℃，浸泡种蛋 1 分钟，洗去蛋壳上的杂质，晾干，装盘后即可入孵。

(四) 漂白粉消毒法

漂白粉的主要成分是次氯酸钙和氯化钙。其中次氯酸钙是其杀菌的有效成分，可与水发生可逆反应，生成次氯酸（具有强氧化性），达到消毒的目的。具体方法是称取漂白粉 1.5 千克，溶于 100 千克清水中，搅拌均匀，把种蛋放入溶液中 3 分钟即可。消毒液最好现用现配，此法最好在通风处进行。

(五) 紫外线及臭氧发生器消毒法

紫外线杀菌的原理较为复杂，一般认为它与对生物体内代谢、遗传、变异等现象起着决定性作用的核酸相关。具体操作是用 40 瓦特紫外线灯管距离种蛋 40 厘米左右，照射 15~20 分钟，由于紫外线的穿透力较弱，因此需要将蛋翻面后再照射 15~20 分钟，即可达到消毒的目的。

臭氧能与细菌细胞壁脂质双键反应，穿入菌体内部，作用于蛋白和脂多糖，改变细胞的通透性，从而导致细菌死亡。臭氧发生器消毒是把臭氧发生器装在消毒柜或小房内，放入种蛋后关闭所有气孔，使室内的氧气变成臭氧，达到消毒的目的。

(六) 碘溶液浸泡消毒法

游离状态的碘原子的超强氧化作用，可以破坏病原体的细胞膜结构及蛋白质分子。入孵前将种蛋放入 0.1%碘溶液进行浸泡消毒。配制方法：2 千克清水中加入 20 克碘或 30 克碘化钾，全部溶解后再加入 18 千克清水。水温保持 40 ℃，浸泡时间 1 分钟，捞出晾干后装盘入孵。该方法对消除蛋壳上的白痢杆菌尤为有效。经数次浸泡种蛋的碘液，其浓度逐渐降低，适当延长浸泡时间，浸泡 10 次必须更换新液，才能达到良好的消毒效果。

（七）过氧乙酸消毒法

过氧乙酸具有很强的氧化作用，可将菌体蛋白质氧化而使微生物死亡。对多种微生物，包括芽孢及病毒都有高效、快速的杀灭作用。用有效浓度 1%的过氧乙酸，按每立方米 30 毫升的量，熏蒸 30 分钟。或者用 0.01%~0.04%过氧乙酸浸泡种蛋 3~5 分钟，取出晾干后入孵。但过氧乙酸使用时对金属及皮肤均有损害，应注意避免使用金属容器盛药，同时切勿与皮肤接触。

第二节　机械孵化

一、常用孵化器

孵化器仿照母鸡抱孵，通过人工控制温度、湿度等条件，满足鸡胚生长发育所需要的外界环境条件，达到孵出小鸡的目的。人工孵化不受季节和有无就巢母鸡的限制，孵化量大，适合专业化规模生产。人工孵化的形式很多。如按孵化器具分类有机器孵化、温室孵化、摊床孵化、平箱孵化、桶孵化、缸孵化和炕孵化等；根据供热形式又可分为电孵化、热水孵化、暖气孵化、煤油孵化、沼气孵化、太阳能孵化等。其中机器孵化法是目前效率最高、应用最广泛的孵化方式。自人工孵化家禽的方法发明后，鸡的繁殖方式就有了重大创新，逐渐走向较大规模化生产，促进了养鸡业的发展。目前孵化器已达到极高水平,性能日益完善,孵化率平均高达94%。每孵化1枚种蛋耗电为0.022千瓦/时。现在具有一定规模的孵化场均采用机器孵化法。目前,市场常用孵化器有以下3种。

(一) 平面孵化器

平面孵化器有单层和多层,孵化和出雏在同一地方进行。其热源多为电力式、热水式或油灯式。此类孵化器没有温控和自动翻蛋设备,劳动强度大,孵化量小,目前孵化场已很少使用。

(二) 箱式孵化器

箱式孵化器按出雏的位置又分为下出雏孵化器、旁出雏孵化器和单纯孵化器。下出雏孵化器和旁出雏孵化器,孵化、出雏在同一设备内,现已很少有使用。目前,大、中型孵化场大多使用孵化和出雏分开的单纯孵化器,孵化和出雏一般按照4∶1的比例进行配套。箱式孵化器主要由孵化箱、种蛋盘、蛋车架、环境控制系统等组成。目前,箱式孵化器主要由集成电路控制和节能型模糊电脑控制,装蛋量在几千枚到5万枚不等。其优点是有利于卫生和防疫,提高雏鸡质量。

(三) 巷道式孵化器

这类孵化器是一种大型孵化器,箱体内温度、湿度、翻蛋等控制原理完全不同于箱式孵化器。它充分利用了孵化后期种蛋的自身温度进行循环。巷道式孵化器入孵量在8万~16万枚,其优点是节省加热能源、节省占地面积、管理方便,适合于大型种鸡孵化场使用。

二、孵化前的准备工作

(一) 制订孵化计划

在孵化前,要根据孵化与出雏能力、种蛋数量以及雏鸡销售合同等具体情况制订孵化计划。根据计划制订一个孵化日程表，以便组织生产。一旦计划制订好后，非特殊情况不能随便更改，以免影响整体计划和生产安排。一般情况下，每周入孵 2 批或每 3 天入孵 1 批工作效率较高。若孵化任务大时，可安排在 16~18 天换盘，每月可多入孵 1~2 批。

（二）准备好所用物品

入孵前 1 周应把一切用品准备好，包括照蛋灯、干湿温度计、消毒药品、马立克氏病疫苗、装雏箱、注射器、清洗机、易损电器元件、电动机、皮带、各种记录表格、保暖或降温设备等。

（三）检查维修

在孵化前应对孵化室和孵化器进行检查和维修，并做好试温工作。为了防止孵化事故的发生，在孵化前必须对机器进行检修，查看加热丝、电扇、电动机的状况，孵化器的严密程度，调节器和温度计的准确性等，经校正后方可进行孵化。新孵化器安装后，或旧孵化器停用一段时间再重新启动，都要认真校正检验各零件的性能，尽量将隐患消灭在入孵前。

（四）消毒

在入孵前 1 周，孵化室、孵化器、出雏器、出雏盘及车间空间进行全面消毒。屋顶、地面各个角落都要清扫干净。机内刷洗干净后应用高锰酸钾和福尔马林熏蒸消毒，按房间及机器的体积大小计算用量。一般熏蒸约 30 分钟之后打开门窗。在开始孵化前，应该全面检查孵化器，查看孵化器的风扇转动和翻蛋装置是否正常，各部分的配件是否完整，如加热丝是否都发热，红绿指示灯是否正常。如果发现不正常时，必须及时彻底修好，然后再试温，水盘加水，使孵化器内达到所需要的温度和湿度。这样试上 3~4 天，如果孵化器工作正常，温度、湿度变动很小，符合要求，便可开始上蛋，正式进行孵化。

（五）种蛋预热

种蛋入孵前 4~9 小时或 12~18 小时要进行预热处理，方法是将种蛋大头朝上码在蛋盘里，放在 22~25 ℃ 环境下预热，上蛋时间最好在 16:00 左右，这样能使出雏高峰出现在白天，便于工作。入孵前对种蛋进行预热处理，能使胚胎发育从静止状态中逐渐苏醒过来，减少孵化器温度下降的幅度，除去蛋表凝水，以便立即开始孵化，并可提高孵化率。在整机入孵时，温度从室温升至孵化规定温度需 8~12 小时，这就等于预热了，不必再另外预热。

（六）码盘

码盘就是种蛋的装盘。人工码盘的方法是挑选合格的种蛋大头向上、小头向下逐个放到孵化器蛋盘上再装到蛋架车上连车一同推入机器内孵化。若分批入孵，新装入的蛋与已孵化的蛋交错摆放，这样可相互调温，温度较均匀，另外还可使蛋架车重量平衡。为了避免差错，同批种蛋用相同的颜色标记，或在孵化盘贴上胶布注明。

三、孵化的日常管理

经过以上准备工作后，一旦装机孵化就要昼夜 24 小时值班，可根据规模的大小和入孵的多少，分成两班或三班，安排好交接时间与工作内容。值班人员要按照技术人员的要求及孵化胚龄和室温高低，调整好正常温度范围。适当的湿度可使孵化初期胚胎受热良好，有利于孵化后期胚胎散热和破壳出雏。因此，要注意经常清洗或更换湿度计上的纱布条，防止钙盐沉积变硬，影响准确度，并定期向湿度计水管中注入蒸馏水或凉开水，以防止水干了测不出湿度。入孵开机后，当孵化器温度达到标准时，应打开进出气孔通风，开始少开一些，之后逐渐全开，将风扇转速控制在每分钟 120 转为宜，要经常检查电机的发热程度、机器有无异常声响，还应注意孵化室内的通风换气，以保证室内空气新鲜，给胚胎的正常发育创造一个良好的环境条件。

四、种蛋孵化的注意事项

（一）严格把握孵化的温度和湿度

温度的调节主要是通过调控孵化器控温系统，在入孵前已经校正、检验并试机运转正常，一般不要随意更改。刚入孵时，开门入蛋会引起热量散失以及种蛋和孵化盘吸热，因此孵化器温度暂时降低，是正常的现象。待蛋温、盘温与孵化器温度相同时，孵化器温度就会恢复正常。这个过程大约历时数小时（少则 3~4 小时，多则 6~8 小时）。即使暂时性停电或修理，引起机温下降，一般也不必调整孵化温度。只有在正常情况下，机温偏低或偏高 0.5~1.0 ℃ 时，才予调整，并密切关注温度变化情况。湿度的调控主要是注意观察孵化器，内挂有干湿温度计，每 2 小时观察记录 1 次，并换算出机内的相对湿度。要注意棉纱的清洁和水盘加蒸馏水。相对湿度的调节，是通过控制水盘数量、水温和水位高低来实现的。

（二）定期翻蛋（转蛋）

翻蛋的目的是改变胚胎位置，防止胚胎与蛋壳膜粘连，并可适当增加胚胎运动，保持胎位正常，促进胚胎血液循环。多数自动孵化器设定的转蛋次数：1~18 天为每 2 小时/次，每天 12 次；19~21 天为出雏期，不需要转蛋。孵化的第 1 周转蛋最为重要，第 2 周次之，第 3 周效果不明显。转蛋的角度应与垂直线成 45°，然后反向转至对侧的同一位置。转蛋角度太小不能起到转蛋的效果，太大会使尿囊破裂从而造成胚胎死亡。遇电源切断时，要重复上述操作，这样自动转蛋才能起作用。手动转蛋要稳、轻、慢。

（三）适时凉蛋

凉蛋的目的是驱散孵化器中的余热，让胚胎得到更多的新鲜空气，同时给胚胎冷刺激，促进胚胎发育。在较冷季节孵化，孵化器供温稳定，通风良好，机内不超温，可以不凉蛋。在高温季节孵化，整箱入孵上蛋量较大，通风不良时需进行凉蛋，尤其是孵化后期胚胎物质代谢加强，胚蛋自身温度过高时应加强凉蛋，每天上午、下午各1次，每次15～20分钟。凉蛋的具体方法是将孵化器的气孔或门窗打开，关闭电源，让胚蛋温度下降。凉蛋时用眼皮测温，以蛋贴眼皮，感觉微凉（32～35℃）即可，然后再缓慢加温，逐渐达到孵化所需要的温度。一般情况下，凉蛋对孵化率影响不大。但在高温季节，整箱入孵时，孵化器内温度超温却不进行凉蛋，则会引起死胚和弱雏增加，孵化率下降。

（四）科学照蛋，适时调温

照蛋就是用照蛋器的灯光透视胚胎发育情况，及时拣出无精蛋、死胚蛋、破损蛋、臭蛋，同时观察胚胎发育是否正常，及时采取相应的措施，以利于提高孵化率。无精蛋仍和鲜蛋一样，卵黄悬在中央，蛋体透明，散黄后一般看不到血管，不规则形状的卵黄漂浮在蛋的中线附近。死精蛋内混浊，可见有血环、血弧、血点或断了的血线。另外，能随时观察胚胎的发育情况，适当调整温度。鸡蛋孵化到第5天进行照蛋。照蛋前，先随机取蛋30枚平放5分钟，让胚胎上浮，照蛋时方可看清。发育正常的胚胎可看到明显的黑色眼点，若70%有眼点，表明温度适当，稍微降温0.2℃左右或维持到第10～11天后再进行降温。若看到胚胎有"小蜘蛛网"，应提高孵化温度0.2～0.5℃。孵化到第10～11

天，照蛋检查胚胎发育，发育正常的，两侧尿囊血管在小头伸展并合拢。若10天末有70%蛋合拢，说明温度正常；若10天末有90%以上蛋合拢，说明温度偏高；若11天末仍有30%以上蛋未合拢，一般说明温度偏低。在孵化到第17天时照蛋，以小头对准光源，再也看不到发亮的部分，称为封门，小头红屁股面积小于0.5厘米^{2}的也可认为封门，若17天末有70%蛋封门，孵化温度可降0.2~0.5℃。在孵化到第18天时最后一次照蛋，这时发育正常的胚胎，除气室外全部都被胚胎占满，蛋的尖头呈黑色，气室边弯曲，有时可看见胎动；而死胚蛋的尖端颜色发淡、透明，有血管，胚胎不动。照蛋要稳、准、快，尽量缩短时间，有条件时可提高室温。照完一盘，用外侧蛋填满空隙，这样不易漏照。照蛋时发现胚蛋小头朝上应倒过来。放盘时，有意识地对角倒盘（即左上角与右下角孵化盘对调，右上角与左下角孵化盘对调），孵化盘要固定牢，照蛋完毕后再全部检查一遍，以免转蛋时滑出。最后统计无精蛋、死胚蛋及破蛋数，登记入表，计算受精率。

（五）按时换盘

鸡胚孵至18~19天后，将胚蛋从入孵器的孵化盘移到出雏器的出雏盘，称换盘、移盘或落盘。此做法有两个目的：一是种蛋被侧放于出雏器中，让从蛋壳中出来的雏鸡可以自由活动；二是换盘有卫生方面的意义，在雏鸡出壳的过程中会产生大量的绒毛，这些绒毛可能会对整个孵化场造成污染。笔者认为，鸡蛋孵满19天再换盘较为合适。具体掌握在约10%鸡胚"打嘴"时换盘。孵化至18~19天后，正是鸡胚从尿囊绒毛膜呼吸转换为肺呼吸的生理变化最剧烈的时期。此时，鸡胚气体代谢旺盛，是死亡高峰期。推迟换盘，鸡胚在入孵器的孵化盘中比在出雏器的出雏盘中，能得到较多的新鲜空气，且散热较好，有利于鸡胚度过危险期，提高孵化效果。换盘时，如有条件应提高室温。动作要轻、稳、快，这是因为胚胎在换盘前已经吸收了蛋壳内的钙来帮助骨骼的发展，所以蛋壳会变得更加易碎。自动的换盘设备会比人工操作更加安全、高效。出雏期间，用纸遮住观察窗，使出雏器里保持黑暗，这样出壳的雏鸡安静，不会因骚动而踩破未出壳的胚蛋，影响出雏效果。19天时雏鸡嘴已入气室内，开始啄壳，20天陆续出壳，21天时出壳结束。由于孵化器中的温度不可能绝对均匀，胚胎的发育速度也有一定的差异。为调节胚胎发育速度，换盘时原在上层的胚蛋应换到下层出雏，原在下层的胚蛋应换到上层出雏，原在两侧的胚蛋应换到中间出雏，原在中间的胚蛋应换到两侧出雏。另外，换盘时照蛋，挑出无精蛋、早期胚胎死亡蛋、中期死亡蛋和污染蛋，并记录。如果在照蛋过程中发现污染蛋，要将污染蛋拣出。盛放污染蛋的桶内要有足够的消毒药，并盖好桶盖。换盘人员接触污染蛋或擦拭破损蛋后，需立即用酒精消毒双手。每车种蛋换盘前，换盘人员需用酒精消毒双手1次。如果有污染蛋或其他种蛋破裂于地上，要立即用包装纸擦拭，然后消毒。此外，在换盘前，出孵器的出雏盘应该正确清洗和烘干，如将种蛋放置于湿润的托盘中会因为水分的蒸发而造成种蛋的冷却。

（六）拣雏

可在出雏30%~40%时拣第1次，60%~70%时拣第2次（叠层式出雏盘出雏法，在出雏75%~85%时，拣第1次），最后再拣1次并"扫盘"。拣雏时动作要轻、快，尽量避免碰破胚蛋。前后开门的出雏器，不要同时打开，以免温度大幅度下降而推迟出雏。拣出绒毛已干的雏鸡的同时，拣出壳以防蛋壳套在其他胚蛋上闷死雏鸡。大部分出雏后（第2次拣雏后），将已"打嘴"的胚蛋并盘集中，放在上层，以促进弱胚出雏。

(七) 出雏现场的控制

鸡蛋孵到 20~21 天后，开始大批破壳出雏，这时每隔 4~6 小时拣雏 1 次，把脐部收缩良好、绒毛已干的雏鸡拣出来。而脐部凸出肿胀、鲜红光亮的和绒毛未干的软弱雏鸡，应暂时留在出雏盘内，下次再拣。另外，对少数未能自行脱壳的小鸡，应进行人工助产。助产时只需破去大头蛋壳，拉直头颈，然后让小鸡自行挣脱壳，不能全部人为拉出，以防出血而引起死亡。雏鸡从出雏器里拉出来后的环境温湿度以及通风的控制非常重要。所有的操作都应该在温控环境下进行，避免过热或过冷。雏鸡在盒子或其他运送装置中不能太拥挤。为了避免雏鸡体重降低，雏鸡停留的地方要保持合适的相对湿度。建议温度为 24 ℃，相对湿度为 65%~70%，实际过程中要以雏鸡的状态为依据。在出雏期间必须对初生雏进行认真的选择并根据防疫及用户要求，进行必要的技术处置（包括注射马立克氏病疫苗、戴翅号、剪冠和切爪等）。出雏要按家系出雏，每个家系放一个雏盒。取出系谱孵化出雏卡，迅速登记健雏、弱雏、残死雏、死胎数。然后将这张卡放入出雏盒中，进入下一项工作。鉴别时如果是翻肛鉴别，则每个家系鉴别完毕后，登记公、母雏数于出雏卡中，清理鉴别盒中雏鸡后再鉴别另一家系。翅号上打有家系号和母鸡号，如"05-532"即第五家系 532 号母鸡。将翅号戴在雏鸡翅膀的翼膜处。同时注意剪冠，预防接种马立克氏病疫苗，最后送育雏舍。

(八) 后期清理

鸡蛋孵到 21 天，当大部分雏鸡出壳后，就应开始进行清理工作。首先将死雏拣出来，然后再拣出毛蛋，并分别登记入表。如果不把死雏和毛蛋拣出来，它们会吸收附近胚胎的热量，影响胚胎的继续发育和破壳。毛蛋的颜色暗黑，用手摸时比较凉，敲一敲蛋壳发实音；而活的胚胎蛋壳颜色正常，摸时温度较高，轻敲蛋壳有空响。为了更有把握地拣出毛蛋,还可以用照蛋器照一下。凡是活动的就是活胚;不动的或摇也不动的就是毛蛋。死雏和毛蛋拣出后,把剩下的活胚胎归并在一起,如不满盘时,可将胚胎堆在出雏盘内角,放在温度较高的出雏盘位置上,促其快速出雏。出雏完毕(一般在第 22 天的上午)对出雏器、出雏室、雏鸡处置室和洗涤室彻底清扫消毒。

第三节 孵化效果的检查与衡量

一、孵化效果检查

通过照蛋及对出雏情况的细致观察,结合鸡群情况、种蛋管理情况以及孵化等方面的调查,进行综合分析判断,从而进一步改善饲养管理,加强种蛋管理和调整孵化条件,以提高孵化率。

(一)照蛋

照蛋是检查孵化效果的方法之一。通常采用的工具是照蛋器,通过透视胚胎,了解胚胎的发育情况,及时调整孵化条件,改善管理措施。

(二)失重率

孵化过程中,由于蛋内水分蒸发,蛋重逐渐减轻。鸡胚 1~19 天失重率一般为 12%~14%。如果失重率低于 12%,可能是由于孵化湿度偏高,如果失重率高于 14%,可能是由于孵化湿度偏低,或者是蛋的品质不良、保存期过长等原因。

(三)出雏观察

1. 观察雏鸡的质量

主要从雏鸡的膘、毛、色(精神状态)及脐部吸收、愈合情况等方面观察雏鸡的健康状况。

2. 观察出雏时间长短及整齐性

孵化正常时，出雏时间比较集中、一致。第 20 天初出雏，第 20 天半出雏达到高峰，第 21 天应全部出齐。孵化温度过低、种蛋保存时间过长或者种鸡得病时，出雏时间拖得很长，无明显的出雏高峰，出雏时间参差不齐；孵化温度过高时，孵化进程加快，出雏时间提前，但弱雏增加。

二、孵化效果衡量

鸡的孵化率直接关系到孵化场的经济效益。孵化效果是否理想，一般从受精率、早期死胚率、受精蛋孵化率、入孵蛋孵化率等指标进行衡量。在每批出雏后，记录无精蛋、死胚蛋、破蛋，出雏的健雏数、残弱雏数、死雏数及死胚数等。优秀的孵化率，按入孵蛋可达 85%，按受精蛋可达 90%；入孵蛋孵化率应在 65% 以上，受精蛋孵化率应在 85% 以上。

（一）受精率

$$受精率 = \frac{受精蛋数}{入孵蛋数} \times 100\% \quad (3.1)$$

其中受精蛋包括活胚蛋和死胚蛋。一般水平孵化条件下受精率应在 90% 以上。

（二）早期死胚率

$$早期死胚率 = \frac{1\sim5\ 胚龄死胚数}{受精蛋数} \times 100\% \quad (3.2)$$

通常统计 5 胚龄时的死胚数。正常水平孵化条件下早期死胚率为 1.0%~2.5%。

（三）受精蛋孵化率

$$受精蛋孵化率 = \frac{出雏的全部雏鸡数}{受精蛋数} \times 100\% \quad (3.3)$$

出雏的雏鸡数包括健雏、残弱雏和死雏。高水平孵化条件下受精蛋孵化率应达92%以上，此项是衡量孵化场孵化效果的主要指标。

（四）入孵蛋孵化率

$$入孵蛋孵化率 = \frac{出雏的全部雏鸡数}{入孵蛋数} \times 100\% \qquad (3.4)$$

高水平孵化条件下入孵蛋孵化率能够达到87%以上，这一项反映种鸡场及孵化场的综合水平。

（五）健雏率

$$健雏率 = \frac{健雏数}{出雏的全部雏鸡数} \times 100\% \qquad (3.5)$$

高水平孵化条件下健雏率应达98%以上。孵化场多以售出的雏鸡视为健雏。

（六）死胚率

$$死胚率 = \frac{死胚蛋数}{受精蛋数} \times 100\% \qquad (3.6)$$

死胚蛋一般指出雏结束后扫盘时未出雏的种蛋，又称毛蛋。

第四章 鸡的营养需要与饲料

第一节 鸡的营养需要

鸡的营养需要主要包括能量、蛋白质、矿物质、维生素和水5个方面。

一、能量

动物机体的一切生理活动,如呼吸、循环、消化、吸收、排泄、体温调节、运动、生长发育和生产等都需要能量。配制鸡的日粮时,首先要确定适宜的能量水平,然后确定其他营养成分的需要量。鸡的能量来源主要是日粮中的碳水化合物和脂肪。

碳水化合物主要包括淀粉和粗纤维。鸡的代谢旺盛,需要较多能量,淀粉是能量来源中价格最便宜的饲料成分,因此可饲喂淀粉含量较多的饲料。鸡对粗纤维的消化能力较差,在日粮中不宜多给。

脂肪含有较高的能量,其能量价值为碳水化合物的2.25倍。高温条件下,鸡的采食量下降,饲料的适口性降低或能量供给不足时,可在日粮中添加1%~5%的脂肪,提高饲料的适口性和日粮的能量水平,对提高肉鸡的生产水平、蛋鸡的产蛋量及饲料的利用率都有很好的效果。

日粮中的能量大部分用于维持需要上,包括基础代谢和非生产活动的能量需要。基础代谢的能量受鸡体重、产蛋率高低、蛋重大小、环境温度等影响，鸡有维持恒定体温的本能，处于低温环境时比处于适温环境时需要更多用于维持需要的能量。产蛋鸡和育成鸡都能适应一定日粮能量范围，日粮能量水平高时，产蛋量、生长速度、饲料效率均可提高。配制日粮时应考虑生产业绩、经济效益，选择合适的能量水平。通常情况下，肉鸡需要的能量水平高，可在日粮中添加适量的脂肪。蛋鸡育雏期和育成期需要较高的能量水平，适当提高日粮水平，可减少生产单位重量鸡蛋的饲料消耗。肉用种鸡育成期能量水平应低于规定的需要量，可控制其采食量或光照时间；肉用种鸡产蛋期采用低能量水平日粮或限制采食量，以防过肥引起产蛋量下降。

我国肉鸡采用三阶段饲养，即 0~3 周龄、4~6 周龄和 7 周龄以上，日粮代谢能水平分别为 12.54 兆焦/千克、12.96 兆焦/千克和 13.17 兆焦/千克。若营养水平过高，肉鸡生长速度太快，在饲养管理条件差、通风不良的情况下，肉鸡易发生猝死症和腹水症。因此，实践生产中应根据饲料原料和成本情况，适当降低营养水平，使饲料能量保持在 12.13~13.99 兆焦/千克。

开产前蛋鸡采用三阶段饲养，即 1~8 周龄、9~18 周龄、19 周龄至开产，当环境温度适宜、营养均衡时，3 个阶段需要的代谢能分别为 11.91 兆焦/千克、11.70 兆焦/千克、11.50 兆焦/千克。

二、蛋白质

蛋白质是生命活动的基础，在动物体内发挥着重要的生理功能。蛋白质是形成机体各种酶、激素、某些抗体等主要原料，也是构成神经、肌肉、皮肤、血液、结缔组织、内脏器官、羽毛、爪、喙、蛋等的重要成分。蛋白质是组织更新、修复的主要原料，当体内营养不足时可提供能量，维持机体的代谢活动。蛋白质不能用其他物质代替。

当日粮中蛋白质含量不足时，雏鸡生长缓慢，食欲下降，羽毛生长不良，性成熟晚，产蛋少，蛋小。蛋白质严重缺乏时，雏鸡采食量减少，体重下降，卵巢功能退化。为了维持鸡的生命，保证其健康生长及生产性能，必须提供充足的蛋白质。鸡采食饲料后，蛋白质进入胃、肠经蛋白酶作用，分解为氨基酸被机体吸收。因此，蛋白质营养也就是氨基酸营养。蛋白质的营养水平由其所含氨基酸的种类和数量决定，可分为必需氨基酸和非必需氨基酸两大类。

（一）必需氨基酸

必需氨基酸是指鸡自身不能合成，或虽能合成但合成的数量与速度不能满足需求，必须从饲料中获取的氨基酸。鸡的必需氨基酸有赖氨酸、蛋氨酸、色氨酸、苯丙氨酸、亮氨酸、异亮氨酸、缬氨酸、苏氨酸、组氨酸、精氨酸、甘氨酸。

必需氨基酸中一种或几种含量不足时，会使蛋白质的营养受到限制，影响鸡对日粮的利用率，这类氨基酸又称为限制性氨基酸。鸡饲养过程中必须注意氨基酸的平衡，尤其是赖氨酸、蛋氨酸、色氨酸等，它们能限制鸡利用其他氨基酸合成蛋白质。实际生产中，饲料种类可以多一些，注意补充动物蛋白质饲料或添加人工合成的蛋氨酸和赖氨酸，保证氨基酸的平衡。

（二）非必需氨基酸

非必需氨基酸是指鸡体内能够合成或需求较少、不必从饲料中获取的氨基酸。但非必需氨基酸中的胱氨酸要由蛋氨酸合成，酪氨酸要由苯丙氨酸合成，因此饲料中胱氨酸、酪氨酸的量要与蛋氨酸、苯丙氨酸合并考虑。若日粮中胱氨酸和酪氨酸充足，蛋氨酸和苯丙氨酸的用量可减少。

（三）提高饲料蛋白质营养价值应采取的措施

鸡对蛋白质、氨基酸需要量的影响因素有多种，如饲养水平

第四章 鸡的营养需要与饲料

（氨基酸摄取量与采食量）、生产水平（生长速度和产蛋强度）、遗传性（品种或品系）、饲料因素（日粮氨基酸是否平衡）等。要提高饲料蛋白质的营养价值可采取以下措施。

（1）配制蛋白质水平适宜的日粮。日粮中蛋白质水平过低，会影响鸡的生长和产蛋率，引起免疫功能下降，引发疾病。蛋白质水平过高会造成饲料成本提高，增加鸡肝、肾负担，易引发痛风甚至瘫痪。

（2）饲料中添加蛋氨酸、赖氨酸等限制性氨基酸，配比适宜，提高饲料中蛋白质的品质。

（3）调整日粮中能量与蛋白质、氨基酸的比值，比值过高或过低，都会影响饲料中蛋白质的利用率。

（4）去除饲料中的营养拮抗因子，如生大豆中的胰蛋白酶抑制因子、植物皂素等，高粱中的鞣酸等，这些物质会影响饲料中蛋白质的吸收利用，可通过加热的方法去除。

（5）添加添加剂。饲料中添加一些活性物质（如蛋白酶制剂、代谢调节剂、促生长因子、维生素等）能改善饲料蛋白质的品质，提高蛋白质的利用率。

（四）鸡对蛋白质的需要量

美国国家科学研究委员会（NRC）的标准中，不同年龄鸡对蛋白质的需要量常用粗蛋白质（CP）的百分数表示。温度也能影响采食量，鸡饲养过程中应注意每日采食量，以便根据鸡的采食量合理调配日粮。日粮中每单位能量蛋白质和氨基酸的需要量，肉用雏鸡和种用雏鸡育雏阶段大，随着雏鸡的生长逐渐减少；产蛋鸡从初产到产蛋高峰需要量大，而后随产蛋量下降相应减少。

产蛋鸡对蛋白质的需要主要是用于鸡蛋的形成，对蛋白质数量和质量要求较高，2/3 用于生产需要，1/3 用于维持生长需要。体重 1.8 千克的母鸡，每天需 3 克左右蛋白质维持需要，产 1 枚蛋需要蛋白质 6.5 克左右，当产蛋率 100%时，维持和产蛋的饲料中蛋白质的利用率为 57%，故每天需 17 克左右的蛋白质。而在实际生产中，产蛋率不可能达到 100%。所以，蛋白质实际需要量低于 17 克。

肉鸡最重要的必需氨基酸是蛋氨酸和赖氨酸。肉鸡在三阶段饲养中，蛋氨酸的需要量分别为 0.50%、0.40%、0.34%，赖氨酸的需要量分别为 1.15%、1.00%、0.87%。饲料中的能量水平影响日粮的蛋白质水平，但无论蛋白质水平如何变化，都应该保证上述氨基酸的比例及种类。

三、矿物质

矿物质在维持鸡的正常生活、生产中发挥着重要作用，它不仅是构成鸡骨骼、羽毛、蛋壳、血红蛋白、甲状腺素等的主要成分，而且具有调节机体渗透压、保持酸碱平衡、激活酶系统、维持正常代谢等功能。如果矿物质缺乏或不足，会导致鸡代谢障碍，生产力降低，甚至死亡；如果日粮矿物质含量过高，会导致鸡代谢紊乱、中毒或死亡。因此，日粮中矿物质含量必须符合鸡的营养需要。鸡体内的矿物质元素有十几种，根据含量不同分为常量元素和微量元素。常量元素包括钙、镁、钾、钠、磷、氯、硫，微量元素包括铁、锌、铜、钴、锰、碘、硒等。

（一）常量元素

1. 钙和磷

钙和磷是鸡需要量最多的矿物质。钙是构成骨骼和蛋壳的主要成分，在维持肌肉和神经功能、促进血液凝固、促进多种酶激活等方面发挥重要作用。磷在骨骼形成、碳水化合物和脂肪代谢、维持细胞生物膜的功能和机体酸碱平衡方面发挥重要

第四章 鸡的营养需要与饲料

作用。

糠麸和谷物中含钙量少,必须注意额外补充钙。雏鸡缺钙易患软骨症,腿骨弯曲或瘫痪,胸骨呈"S"形;产蛋鸡缺钙导致产软壳蛋、畸形蛋或薄壳蛋,产蛋率和孵化率下降。钙含量过多,能影响雏鸡对镁、锰、锌的吸收,育雏、育成期钙量不超过0.8%~1.0%。蛋壳上有白垩状沉积、两端粗糙,可能是产蛋鸡摄入钙量过多的结果。

鸡缺磷时食欲减退、生长缓慢、关节硬化、骨骼易碎。谷物、糠麸中含磷较多,但鸡对植酸磷利用率低,雏鸡为10%,成鸡为50%。鸡对无机磷利用率高,可达100%。因此,日粮中必须添加无机磷,占总磷量1/3以上。产蛋鸡日粮磷不超过0.35%,否则破蛋增多。饲养鸡时,除满足钙和磷需要外,还应按饲养标准调节钙、磷比例。一般情况下雏鸡以1.2∶1为宜,(1.1~1.5)∶1为允许范围;产蛋鸡以4∶1或钙更多些为宜。

补充钙或磷的饲料种类有骨粉、石灰石粉、贝壳粉、磷酸氢钙、沸石、麦饭石等。

2. 钠、氯和钾

这些矿物质元素主要分布于鸡体液和软骨组织,具有维持机体渗透压和酸碱平衡、控制水盐代谢、参与神经组织冲动的传递、刺激食欲、提高饲料适口性等作用。

鸡缺钠时采食量减少、食欲下降、生长缓慢、产蛋率下降、易发生啄癖。通常在日粮中添加食盐来补充氯和钠,添加量不宜过多,一般为0.25%~0.50%,否则会引起食盐中毒。添加食盐时要考虑日粮中鱼粉、贝壳粉的含盐量。钠与钾有拮抗作用,两者比例以(2~3)∶1为宜。一般条件下不必另外添加钾元素。

(二) 微量元素

1. 铁和铜

铁在动物体内占 0.004%，是血红蛋白、肌红蛋白、细胞色素及多种氧化酶的重要组成成分，不足时易发生贫血。铜与铁的代谢有关，参与机体血红蛋白形成，促进红细胞成熟。日粮中缺铜时铁也吸收不良，会引起贫血。缺铜还会引起食欲不振、异食癖、生长缓慢、运动失调、影响骨骼发育、易发生腿病等。鸡的铁、铜缺乏症可在日粮中添加硫酸亚铁、氯化铁、硫酸铜等来防治。蛋鸡每千克日粮中铁的需要量为 50~80 毫克，肉鸡每千克日粮中铁的需要量为 80 毫克。

2. 锰

锰是鸡生长、繁殖和骨骼发育的必需元素。雏鸡缺锰时生长受阻、骨骼发育不良、易发生滑腱症和骨短粗症；成年鸡缺锰时产蛋率下降、产软壳蛋或薄壳蛋、种蛋孵化率降低、死胚增多。锰在麸皮中含量较多。

3. 锌

锌在鸡体内分布广泛，骨、毛、肝、胰、肾、肌肉、酶类中都有。雏鸡缺锌时表现为生长缓慢，羽毛发育不良，跖骨短粗、表面鳞片样；产蛋鸡缺锌时产软壳蛋，种蛋孵化率降低。

4. 碘

动物体内 70%~80% 的碘存在于甲状腺内，是构成甲状腺素的重要成分。鸡缺碘时生长发育受阻、羽毛发育不良、繁殖力下降、种蛋孵化率下降等。

5. 硒

硒与维生素 E 之间有协同作用，有助于机体对维生素 E 的吸收，具有清除体内过氧化物、保护细胞脂质膜的完整、维持胰腺正常功能等作用。鸡缺硒时易发生脑软化症、白肌病及渗出性素质病。种鸡缺硒时表现为产蛋率和孵化率下降、精液品质和受精率下降、免疫功能低下等。硒的毒性强、安全范围小、易发生中毒,在日粮配制时应计量准确,混合均匀。

其他一些微量元素在自然条件下一般不易缺乏,无须补充。

四、维生素

维生素是一类具有高度生物学活性的低分子有机化合物。它既不形成动物机体各种组织、器官、细胞,也不能提供能量。鸡对维生素的需要量很低,但它们在鸡生命活动中起重要作用。维生素多以辅酶和催化剂的形式参与代谢过程中的各种生化反应。鸡缺乏维生素时会造成鸡体内物质代谢紊乱,甚至发病死亡,种鸡和雏鸡对维生素的要求更严。

根据维生素的溶解性可分为脂溶性维生素和水溶性维生素两大类。鸡必须从日粮中摄取的维生素有 14 种,其中脂溶性维生素有 4 种,分别是维生素 A、维生素 D、维生素 E、维生素 K;水溶性维生素有 10 种,包括维生素 B_1(硫胺素)、维生素 B_2(核黄素)、维生素 B_3(烟酸)、维生素 B_4(胆碱)、维生素 B_5(泛酸)、维生素 B_6(吡哆素)、维生素 B_7(生物素)、维生素 B_{11}(叶酸)、维生素 B_{12}(氰钴素)、维生素 C(抗坏血酸)。其中维生素 A、维生素 B_2、维生素 B_3 最容易缺乏,维生素 B_1、维生素 C 只在高温逆境时少量补充。现代禽场,维生素均以添加剂形式补充。

(一)脂溶性维生素

1. 维生素 A

维生素 A 又称抗干眼病维生素,具有保护黏膜上皮组织的完整、维持神经组织的正常功能、促进机体和骨骼生长的作用。鸡缺乏维生素 A 时易患夜盲症和干眼病,生长发育受阻、食欲下降、羽毛蓬乱、抵抗力降低，种蛋孵化率低等。维生素A主要存在于鱼肝油、蛋黄、肝粉、鱼粉中。青绿饲料、胡萝卜等富含胡萝卜素，水解后变成维生素A。

2. 维生素D

维生素D与鸡体内钙、磷吸收和代谢有关，维生素D缺乏主要引起钙、磷代谢障碍和营养不良。雏鸡出现喙、脚、胸部弯曲，踝关节肿大；成鸡产软壳蛋、薄壳蛋，产蛋率和孵化率降低。鸡对维生素D_3的利用力强，且维生素D_3比维生素D_2功效高40倍。日粮中钙、磷比例与维生素D需要量有关，钙、磷比例与机体需要相符率越高，维生素D的需要量越少。鱼肝油、酵母、蛋黄、肝脏中维生素D含量较高，日粮中通常添加维生素D_3。

3. 维生素E

维生素E又称生育酚，在鸡体内主要发挥生物催化剂及抗氧化功能，维护生物膜完整，保护机体生殖功能，增强机体免疫力和抗应激能力，与神经和肌肉的代谢有关。雏鸡缺乏维生素E时易发生脑软化症、渗出性素质病和白肌病；种鸡缺乏维生素E时表现为繁殖功能紊乱，产蛋率和受精率下降，死胚增多。维生素E与硒具有协同作用，硒能促进机体对维生素E的吸收。维生素E在谷实胚芽、青绿饲料、蛋黄中含量较多。

4. 维生素K

维生素K的主要作用是促进动物肝脏中凝血酶原及凝血活素的合成，维持正常的血液凝固时间。维生素K缺乏时，导致血流不止或凝血时间延长，雏鸡皮下组织及胃肠道易出血形成紫斑，种蛋的孵化率和健雏率降低等。维生素K在青绿饲料和鱼粉等动物性饲料中含量较多。生产中，当饲料霉变、鸡长期使用抗生素和磺胺类药物或发生一些疾病时，会导致鸡对维生素K的需要量增加。

(二) 水溶性维生素

1. 维生素 B_1（硫胺素）

维生素 B_1 是动物体内糖类代谢的必需物质。鸡缺乏维生素 B_1 会出现食欲缺乏、衰弱、生长发育受阻、体重减轻等症状。尤其是雏鸡对维生素 B_1 缺乏较敏感。维生素 B_1 主要来源于谷类饲料、糠麸、啤酒酵母等。

2. 维生素 B_2（核黄素）

维生素 B_2 作为辅酶主要参与动物体内蛋白质、脂肪和核酸的代谢。维生素 B_2 缺乏时，雏鸡生长不良，软腿，有时关节触地行走，出现蜷爪麻痹症，趾爪向内卷曲；成鸡产蛋率下降，种蛋孵化率降低，死胚增加。维生素 B_2 主要来源于青绿饲料、饼粕类饲料、苜蓿粉、糠麸、酵母及动物性饲料中。

3. 维生素 B_3（烟酸）

维生素 B_3 参与鸡体内糖、脂肪和蛋白质的代谢。维生素 B_3 缺乏时，鸡发生皮炎，生长受阻，羽毛粗乱，骨短粗，喙、眼、肛门边、爪间及爪底皮肤出现裂口发炎，形成痂皮；种蛋孵化率降低。维生素 B_3 存在于动植物饲料中，酵母、米糠、麦麸、油饼等饲料中维生素 B_3 含量丰富。

4. 维生素 B_4（胆碱）

维生素 B_4 是鸡体内卵磷脂的组成成分，参与磷脂代谢，能防治脂肪肝。雏鸡需要量大，缺乏时生长缓慢，发生脱腱症；成年鸡出现脂肪代谢障碍，形成脂肪肝，产蛋率下降。小麦胚芽、鱼粉、豆饼、糠麸、甘蓝等饲料中维生素 B_4 含量丰富。

5. 维生素 B_5（泛酸）

维生素 B_5 在蛋白质、脂肪和碳水化合物代谢方面发挥重要作用，具有保护皮肤黏膜和维持消化器官正常功能的作用。雏鸡需要量大,缺乏时食欲减退,生长停滞,羽毛脱落,踝关节肿大,腿骨弯曲;成年鸡缺乏时产蛋量和孵化率下降。维生素 B_5 主要来源于酵母、豆类、青绿饲料、糠麸、鱼粉、麦类等。

6. 维生素 B_6(吡哆素)

维生素 B_6 包括吡哆醇、吡哆胺和吡哆醛,参与蛋白质、脂肪、碳水化合物代谢,在色氨酸和无机盐代谢中发挥重要作用。维生素 B_6 缺乏时,鸡食欲缺乏,生长受阻,皮下水肿,脱毛,中枢神经紊乱,痉挛,常衰竭而死;种鸡产蛋率和孵化率下降。

7. 维生素 B_7(生物素)

维生素 B_7 主要以辅酶形式参与体内3大营养物质代谢。维生素 B_7 缺乏时,雏鸡生长发育迟缓,易出现脱腱症,爪底、喙及眼睑周围发炎结痂;种蛋孵化率降低,胚胎骨骼畸形,呈鹦鹉嘴状。鸡蛋清中有一种抗生物素蛋白,有啄蛋癖的母鸡易发生生物素缺乏症。维生素 B_7 在鱼肝油、酵母、青饲料、鱼粉、谷物和糠麸中含量较多。

8. 维生素 B_{11}(叶酸)

维生素 B_{11} 与蛋白质和核酸代谢有关,对促进红细胞和血红蛋白的合成有重要作用。缺乏时,雏鸡生长缓慢,羽毛脱色,贫血,易出现骨短粗症;种鸡产蛋率、孵化率下降。苜蓿粉、青饲料、酵母、大豆饼、麸皮和小麦胚芽中富含叶酸。

9. 维生素 B_{12}(氰钴素)

维生素 B_{12} 主要参与核酸、碳水化合物、蛋白质、脂肪的生物合成,维持正常的造血功能。维生素 B_{12} 缺乏时,雏鸡生长不良,贫血,羽毛粗乱;种鸡产蛋率、孵化率下降。维生素 B_{12} 在鱼粉、骨肉粉、羽毛粉等动物性饲料中含量丰富,苜蓿中也较多。

10. 维生素 C(抗坏血酸)

维生素 C 与凝血有关,具有抗氧化作用,能增强机体的免疫力和抗应激能力。缺乏时，鸡易发生坏血病，毛细血管通透性增大，黏膜自发性出血，代谢紊乱。青绿饲料中富含维生素C，鸡机体自身也能利用葡萄糖合成维生素C。

五、水

水是最重要的营养物质，在养分的消化吸收与转运、代谢产物的排泄、电解质代谢与体温调节上均发挥着重要作用。因此，必须给鸡提供良好品质的水。雏鸡身体含水分约70%，成鸡50%，蛋含水分70%。饮水不足，会影响饲料的消化吸收，阻碍分解产物的排出，导致血液黏稠，体温升高，影响鸡的生长和产蛋。鸡体失水10%时，可造成死亡。鸡的饮水量根据季节、产蛋水平的不同而不同，1只鸡1天饮水150~250克。

鸡对水的需要量受环境温度、年龄、体重、采食量、饲料成分和饲养方式等因素影响。气温高、产蛋量高、限制饲养时饮水量增加，笼养时鸡饮水量比平养时多。一般情况下，成鸡的饮水量约为采食量的2倍，雏鸡的比例更大些。

温度对鸡饮水量的影响最大。当气温高于20℃时饮水量开始增加，35℃时饮水量为20℃时的1.5倍。0~20℃时饮水量变化不大，0℃以下时饮水量减少。夏季气温高，鸡饮水量增加。笼养鸡粪便过稀，适当限制饮水或间歇给水可避免这种现象而不影响鸡的产蛋量。

第二节　鸡的饲料

一、配合饲料的类型

配合饲料是根据鸡饲养标准，将能量饲料、蛋白质饲料、矿物质饲料、维生素饲料、饲料添加剂等按一定添加比例和规定的加工工艺配制成的均匀一致，满足鸡不同生长阶段和生产水平需要的饲料产品。

配合饲料按照营养成分和用途、饲料物理性状、饲喂对象等分成很多的种类。

(一) 按营养成分和用途分类

1. 预混料

预混料又称添加剂预混料，是指以两种（类）或两种（类）以上营养性饲料添加剂为主，与载体或者稀释剂按照一定比例经充分混合配制而成的饲料，包括复合预混合饲料、微量元素预混合饲料、维生素预混合饲料。预混料既可供鸡生产者用来配制鸡的日粮，又可供饲料厂生产浓缩料和全价配合饲料。用预混料配制后的全价配合饲料受能量饲料和蛋白质饲料原料成分、粉碎加工的颗粒度和搅拌的均匀度等影响较大，但成本较低，根据在配合中所用的比例可分为0.5%、1.0%、5.0%预混合饲料。适合本地玉米来源好，但缺乏饼粕的或者自配制饲料有困难的养鸡场使用。

预混料通常由氨基酸、维生素、矿物质、药物和其他构成。

2. 浓缩饲料

浓缩饲料又称蛋白质补充料或基础混合料，是由添加剂预混料、常量矿物质饲料和蛋白质饲料按一定的比例混合配制而成的饲料。鸡场（户）用浓缩饲料加入一定比例的能量饲料（如玉米或小麦）即可配制成直接喂鸡的全价配合饲料。配制成全价配合饲料的成本较低，特别适合在有广泛谷物饲料来源的地区使用。

3. 全价配合饲料

全价配合饲料是指根据鸡的营养需要，将多种饲料原料和饲料添加剂按照一定比例配制的饲料。浓缩饲料加上一定比例的能量饲料，即可配制成全价配合饲料。全价配合饲料含有鸡需要的各种养分，适用于规模化鸡场（户），质量有保证，但成本相对较高。

全价配合饲料通常由浓缩饲料（预混料+蛋白质饲料）和能量饲料构成。

（二）按饲料物理性状分类

按饲料的物理性状区分：一是粉状饲料，根据配合要求，将各种饲料按比例混合后粉碎，或各自粉碎后再混合；二是颗粒饲料，粉状饲料经颗粒机加工成一定大小的颗粒，有利于喂料机械化。

（三）按饲喂对象分类

商品鸡通常采用3种料型：初期料，又称开食料或育雏料；中期料，又称育成料或中鸡料；后期料，又称宰前料或大鸡料。这3种料型的更换因不同饲养日龄、不同饲养目的而不同，具体实施时还要考虑鸡只体重、饲养品种、气候条件等作出相应调整。

二、日粮配方的设计方法

日粮配方的设计是为了更好地满足鸡对营养物质的需要，使日粮中营养物质均衡、全面，实现饲料的合理搭配，从而获得高效益、低成本的日粮配方。下面介绍4种常用的日粮配合方法。

（一）试差法

试差法又称凑数法。具体做法：首先，根据经验拟出各种饲料原料的大致比例，再计算出各原料所含的各种养分的百分含量；其次，将各种原料的同种养分的含量相加，便得到该配方每种养分的总量；最后，将所得结果与饲养标准进行对照，如果有的养分含量超过或不足,可进行调整和重新计算,直至所有的营养指标都基本满足要求为止。这种方法盲目性计算量大,不易筛选出最佳配方。

(二) 交叉法

交叉法又称方形法、对角线法等。该方法是由两种饲料配制成某一养分符合要求的混合饲料。经过多次运算,也可由多种饲料配制成符合两种养分要求的混合饲料。这种方法适合饲料种类和营养指标比较少的运算,若营养指标较多时,运算较为烦琐。

若用粗蛋白质含量分别为10%和40%的谷实类饲料和豆饼,配制粗蛋白质含量为16%的混合饲料,应将两种饲料的粗蛋白质含量分别置于左侧上、下两角,所要配制的粗蛋白质含量置于对角线交叉处,对角线上的值分别相减(大值减小值),所得结果即为两种饲料在混合料中应该占有的份额,即将24份谷实料和6份豆饼混合便可获得粗蛋白质含量为16%的混合料(图4-1)。

折合成百分数:谷实料为80%,$80\% = \frac{24}{(24+6)} \times 100\%$;豆饼为20%,$20\% = \frac{6}{(24+6)} \times 100\%$。

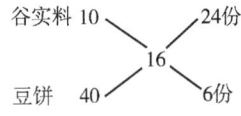

图4-1 交叉法

(三) 公式法

公式法是利用数学上联立方程求解法来计算饲料配方,条理清晰,方法简单。但遇到多种饲料时,计算较为复杂。

如果用粗蛋白质含量为8%的能量饲料和粗蛋白质含量为

35%的蛋白质补充料,配制含粗蛋白质含量15%的配合饲料,可采用如下步骤。

(1) 设配合饲料中能量饲料占 x,蛋白质补充料占 y,则 $x+y=100$。

(2) 能量饲料的粗蛋白质含量为8%,蛋白质补充料中粗蛋白质含量为35%,要求配合饲料中粗蛋白质含量为15%,则 $0.08x+0.35y=15$。

(3) 列出方程组,求出 $x=74.07$,$y=25.93$。即将74.07%的能量饲料和25.93%的蛋白质补充料进行混合即可获得所需配合饲料。

(四) 计算机配方法

计算机配方法是采用计算机来筛选最佳日粮配方,该方法速度快,可同时考虑多种饲料原料和营养指标,且使饲料配方的成本最低,以获得最佳配方。一个优良的饲料配方最终还是需要有经验的营养专家来进行检查、修订,计算机只能作为辅助设计。

第五章 蛋鸡的饲养管理

第一节 蛋鸡育雏期的饲养管理

根据雏鸡的生理特点,采用雏鸡饲养管理关键技术措施,进行科学的饲养和精心的管理,给雏鸡创造适宜的环境,是提高雏鸡成活率、促进雏鸡正常生长发育的根本保证。

一、育雏准备

(一)确定育雏方式

常用的育雏方式有地面育雏、网上育雏和立体育雏3种。各有优缺点,养鸡场应根据自身条件选择合适的育雏方式。

1. 地面育雏

地面育雏要求舍内为水泥地面,再铺20~25厘米厚的垫料,垫料可以是锯末、麦草、谷壳、稻草等,应因地制宜,但要求干燥、卫生、柔软。地面育雏投资少、占地面积大、管理不方便。

2. 网上育雏

网上育雏就是用网面来代替地面育雏。网面的材料有铁丝网、塑料网,也可用木板条或竹竿,但以铁丝网最好。网孔的大小应以能饲养育成鸡为适宜,不能太小,否则,粪便下漏不畅。网上育雏最大的优点是解决了粪便与鸡直接接触这一问题。

3. 立体育雏

立体育雏是大中型饲养场常采用的一种育雏方式。立体笼一一般分为3~4层，每层之间有接粪板，四周外侧挂有料槽和水槽。立体育雏提高了单位面积的育雏数量和鸡舍利用率，具有热源集中、容易保温、雏鸡成活率高、管理方便等优点。

（二）供热方式

由于雏鸡对温度要求非常高，因此，育雏舍增温也是育雏工作的主要内容之一，常用的增温方式有电热保温伞供热、红外线灯供热、暖气供热、火炕和地下烟道供热等。

1. 电热保温伞供热

电热保温伞由热源和伞罩等组成，常用于地面育雏。优点是干净卫生，雏鸡可在伞下进出，寻找适宜的温度区域；缺点是耗电较多。

2. 红外线灯供热

利用红外线灯作热源，一般1盏250瓦特红外线灯泡，可供100~250只雏鸡保温。红外线灯供热优点是温度稳定，室内干燥；缺点是耗电多，成本高。

3. 暖气供热

暖气供热冬季育雏效果好，但一次性投资大，成本高。

4. 火炕和地下烟道供热

我国北方地区鸡场（户）普遍使用火炕和地下烟道供热。

（三）做好接雏准备

根据雏鸡的生理特点，创造一个适宜雏鸡生长发育的环境。

1. 育雏舍准备

用于育雏的鸡舍最好是专用的育雏舍。对使用多年的育雏舍要提前做好门窗、屋顶、地面、供暖、供水、电路等的检修。育雏舍应做到保温良好、不透风、不漏雨、不潮湿、无鼠害。

2. 育雏舍的清洁消毒

每批雏鸡转出后，育雏舍必须进行彻底消毒。经高锰酸钾和福尔马林熏蒸消毒后封闭待用。进雏前一周,打开封闭的育雏舍,空舍时间间隔在2个月以上的,要再次对育雏舍进行清扫和熏蒸消毒。

(四) 器具用品准备

准备好育雏用育雏笼、料槽、饮水器、增温设备、围栏、饲料、药品等。

采用立体育雏的,组装好育雏笼、水线和料槽;采用网上育雏的,要检查铁丝网或塑料网有无破损并加固支撑架;采用地面育雏的,室内应铺好干燥无霉变的谷壳、稻草等垫料。

养好雏鸡必须有足够的水槽和料槽,用水槽供水的,每只雏鸡须保证1.5厘米宽的饮水位;用5升的普拉松饮水器可供100只雏鸡的饮水。

用料槽提供饲料的,每只雏鸡要有2.5厘米宽的料位,一个喂料桶可供50只雏鸡吃料。

雏鸡专用饲料,要求是信誉好的大厂家生产的雏鸡料,准备好5天的饲喂量。

常用的药品,如消毒药、抗生素等必须适当准备一些。有的养鸡场用雏鸡开口药,注意选择抗菌谱广、对肝肾器官无损害的预防疾病的药物。另外可以在饮水中加质量好的电解多维素或2%~5%的红糖或蔗糖。

(五) 育雏舍试温、升温

育雏舍在进鸡雏前3天要进行升温,通过升温使育雏舍的温度达到雏鸡要求的温度。同时,提前升温,也可以掌握鸡舍的保温情况,如果育雏舍的温度保持不好,可以及时查找原因并加以解决,这是很多鸡场(户)容易忽视的地方。尤其是冬季育雏,困难更多。因此,提前升温很重要。

二、鸡苗的挑选与接运

（一）鸡苗的挑选

优质雏鸡应该具备的特性：品种生产性能高；马立克氏病疫苗接种确实有效；对一些重要疫病，具有较高水平一致的母源抗体，这能避免幼雏期感染疫病，也便于适时免疫，最好是来自同一日龄的同一个种鸡群；体重大小比较一致，一般体重在34克以上；体力充沛、活泼好动、反应敏捷、叫声脆响，抓在手中时挣扎蹬腿有力；绒毛整洁、有光泽，腹部大小适中，脐带愈合良好；脚趾圆润，无存放时间过长、干瘪脱水的迹象。此外，挑选鸡苗时还应结合种鸡群的健康状况、孵化率的高低和出壳时间的早晚来进行综合考虑。一般来说，一批种蛋的受精率、孵化率、健雏率等指标越高，雏鸡质量越好。种鸡盛产期的后代体质较好。

（二）鸡苗的接运

初生雏鸡的运输，必须做到轻、稳、快。最好能在羽毛干燥后的12~24小时内运抵育雏舍。利用车辆运输鸡苗，应对车辆及运输设备进行消毒。运输司机要求开车技术好。运输时要注意防寒保暖、防晒防热和防湿防雨等。运输过程中，既要注意保温，又要保持适当通气，以防因缺氧将鸡闷死。运输时勤观察雏鸡状态，并注意防止小鸡挤压。雏鸡的包装工具由专用的运雏盒装运。运雏盒是用纸板制成的，四周有通气孔，可以通风，中间有"十"字形隔板，每盒分为4格，在运输过程中可以减少因雏鸡互相挤压、碰撞而造成损失。运输鸡苗建议使用孵化厂专门的雏鸡运输车。

雏鸡运到鸡场后，应立即将雏鸡小心谨慎地从雏鸡运输车卸下，摆放于育雏围栏外，然后打开运雏盒清点鸡数，检查鸡只状况，将鸡只放入热源范围内，确保鸡只适应新的环境并顺利地找到水源。

三、雏鸡的饲养管理

(一) 及时饮水、开食

雏鸡接运到育雏舍安置好后，开始饲养的最佳时间是在出壳后24小时左右，先饮水，饮水2~3小时后再开食。

1. 饮水

头1周可饮温开水，卫生干净。初饮时对个别不会饮水的雏鸡要人工帮助，可将鸡嘴浸入水中几下。保持饮水清洁卫生，饮水器每天清洗消毒3~4次，及时更换新鲜饮用水。饮水器数量要充足，分布均匀，高度、大小随鸡日龄增大而调整。为满足雏鸡饮水充足，初饮开始1~2周可用塔形真空饮水器，之后过渡为乳头式饮水器，育雏期水压10~20厘米水柱。雏鸡饮水要随时自由饮水、不要打断。为提高雏鸡的抵抗力并减少其死亡率，头几天可在饮水中加入电解多维素或5%左右的葡萄糖。另外，要注意观察鸡群每天饮水量的变化，健康鸡饮水量一般为采食量的2~3倍，若饮水量突然增多或减少，应及时查找原因。水是最重要的营养物质，不管在任何时候必须给鸡提供良好品质的饮用水。

2. 开食与喂饲

雏鸡第1次吃料又称开食。开食料要新鲜，颗粒大小适中，营养丰富，易于啄食和消化，最好用全价颗粒饲料的破碎料开食。开食后前几天可将饲料撒在开食料盘内，让鸡自由啄食，对不会吃料的雏鸡要人工训练。2~3天后逐渐改用小鸡料槽或料桶，以减少饲料的浪费和污染。要保证足够的槽位，确保所有雏鸡同时采食。料槽高度、大小随鸡日龄增大而调整。头几天饲料不要加得太多，以免浪费，应多次少量、勤添勤喂，第1~2周每天喂5~6次，第3~4周每天喂4~5次，以后每天喂3~4次。立体笼育时，开始在笼内放置料盘喂料，1周后训练雏鸡在笼外吃料。

(二) 适时断喙

为预防啄癖和减少饲料浪费，应适时断喙。断喙则要遵循一定的程序。断喙一般有两种器械：一种是电热式断喙器；另一种是红外线断喙器。电热式断喙器的孔眼直径有4.0毫米、4.4毫米、4.8毫米3种，1日龄雏鸡断喙可用4.0毫米的孔眼，7~10日龄雏鸡可用4.4毫米的孔眼，成年鸡可用4.8毫米的孔眼。刀片的适宜温度为600~800℃，此时刀片颜色为暗红色。具体操作：左手保定鸡只，将鸡腿部、翅膀以及躯体保定住，将右手拇指放在鸡头顶上，食指放在咽下（以使鸡缩舌），稍加压力，使双喙闭合后稍稍向下倾斜一同伸入断喙孔中，借助于断喙器灼热的刀片，将上喙断去喙尖到鼻孔的1/2、下喙断去喙尖到鼻孔的1/3，并烧烙止血1~2秒。断喙时应注意以下事项。

(1) 断喙要选择经验丰富的人来操作，调节好刀片温度，掌握好烧灼时间，防止烧灼不到位引起流血。

(2) 为防止出血，断喙前后几天内可在饲料中加入维生素K_3和维生素C，剂量分别按照2毫克/千克和100毫克/千克加入。

(3) 断喙后2~3天，鸡喙疼痛不适，采食和饮水都发生困难。饲槽内应多加一些料，以便于鸡采食，防止鸡喙啄到槽底。水槽中的水应加得满一些，断喙后不能缺水。

(4) 断喙应与接种疫苗、转群等错开进行，以免加大应激反应。

(5) 断喙后要仔细观察鸡群，发现出血应重新烧烙止血。

(6) 种用小公鸡可以不断喙或轻微地断去喙尖部分，以免影响将来的配种能力。

(三) 周密看护，做好记录

经常检查料具饮水器数量、高低、大小是否合适以及采食速度等情况，正常情况下，饲喂适量的饲料应在当天吃完。若发现鸡采食量逐渐减少时，应认真分析原因。观察鸡群，尽早发现疾病的前兆，以便早防早治。早晨注意观察鸡群采食速度、精神状态、粪便形状及颜色。正常情况下，雏鸡反应敏感、眼明有神、活动敏捷、采食饮水正常，正常的粪便为青灰色，呈堆形或条形，表面一般覆盖少量的白色尿酸盐；当鸡患病时，往往排出异样的粪便。夜间鸡只休息后要注意观察鸡群呼吸有无异常，呼吸频率和姿势是否改变，有无流鼻涕、咳嗽、眼睑肿胀和异样的呼吸音，还应注意有无野兽和老鼠等出入，以防惊群和意外伤亡。每天记录死亡淘汰数、进出周转数或出售数、存栏只数、采食情况、用药情况、免疫接种、体重测量情况、天气及舍内的温湿度变化情况等信息，以便汇总分析。

(四) 做好卫生防疫

实行"全进全出"的饲养制度，做好隔离、卫生、消毒工作，制订科学合理的预防性投药计划和免疫接种程序。

(五) 适时脱温、转群

当雏鸡满6周龄能完全适应环境温度后即可脱温，降温要缓慢，5~6周龄时可转入育成鸡舍。提前对育成鸡舍进行消毒，转群时采用过渡性换料，转群前后3天在饮水中添加电解多维素，以减少应激反应。转群前6小时停料，转群当天连续24小时光照，保证采食饮水，尽量减少两舍间的温差。转群要避开断喙和免疫接种，最好选择清晨或晚上进行。转群时选择并淘汰病鸡、弱鸡和体重过轻、发育不良的鸡。

第二节 蛋鸡育成期的饲养管理

一、育成期的培育标准和要求

育成期饲养管理的主要任务是培育出体质健康、体重达标、群体整齐、开产一致、符合正常生长曲线的后备母鸡，从而保障产蛋期生产潜力的发挥。

（一）健康无病、成活率高

产前严格按免疫程序做好各种免疫，保证鸡群具有较强的抗病能力，能安全度过产蛋期。育成期成活率应达到97%以上。

（二）体重达标、体形匀称

育成期的体重和体况与产蛋阶段的生产性能具有较大的相关性。体重是充分发挥鸡遗传潜力、提高生产性能的先决条件。育成期体重可直接影响开产日龄、产蛋量、蛋重、料蛋比、产蛋高峰持续期及产蛋的持久性。体重是衡量育成鸡生长发育的重要指标之一，现代鸡种都有本品种的标准体重。育成鸡体重达到标准，说明其生长发育正常，将来产蛋性能好，饲料报酬高。若体重超过标准，则会出现因体重过大而降低饲料报酬，或者会因肥胖而导致性功能降低、产蛋少、死亡率高；若体重太轻，说明鸡只生长发育不健全，产蛋持久性差。

蛋鸡产蛋性能除了受体重影响外，良好的体形也是高产的保障。在现代化蛋鸡生产中会遇到体重合格的母鸡，但却是骨架小的肥鸡或是骨架大的瘦鸡，体形过小而体重较大的肥鸡死亡率较高，产蛋少，蛋品质差且易脱肛；体形过大而体重较小的瘦鸡产蛋少，产蛋持久性差。这两种鸡都不可能成为高产鸡。因此，通过采取措施调控鸡只的骨骼发育和体重大小，建立良好的体形结构是提高育成鸡培育质量的重要保证。

均匀度是指鸡群内个体间体重的一致程度。鸡群内个体体重差异小,说明鸡群发育整齐、性成熟能同期化、开产时间较一致、产蛋高峰期维持时间长、全期产蛋量高,一般要求鸡群的均匀度大于80%。

二、光照管理

(一) 光照原则

育成期的光照时间宜短不宜长。为防止育成鸡过早性成熟,育成期一般采用渐减的光照制度,以每天8~9小时的光照为宜。

(二) 光照强度

白壳蛋鸡育成期光照强度以5勒克斯为宜,褐壳蛋鸡育成期光照强度以10勒克斯为宜。蛋鸡育雏期、育成期为了防止进风口透光,进风口可使用遮光罩。

(三) 光照刺激的时机

若鸡群没有达到标准体重,光照时间可延缓到下1周再增加,最多不晚于19周龄末。如果对低于标准体重的鸡群实施刺激光照,会导致蛋重变小、高峰持续时间短或高峰过后产蛋量下降过快等问题。18~19周龄,每周各增加1小时光照,从20周龄起每周增加0.5小时光照,直至产蛋鸡的正常光照时间为16小时。

三、日常管理

(一) 定时称重

体重是衡量鸡群生长发育的重要指标之一,不同品种的鸡都有其标准体重。符合标准体重的鸡,说明其生长发育正常,将来产蛋性能好、饲料报酬高;体重过大,说明产蛋能力差、死亡率高；体重过小，说明生长迟缓、产蛋持久性也差。因此，在育成期要通过称重了解鸡群的生长发育情况，并根据体重变化及时调整饲喂量。如果鸡群的体重低于标准体重，就应该采用高营养的饲料配方直到体重与其日龄相符为止。培育出骨架发育良好的小母鸡是理想目标，而不可培育出过肥鸡。早期刺激鸡群增加采食量，可促进其骨架的充分发育，但应避免12~18周龄体重超标。

全群称重是最准确的，但在生产实践中不可能每只鸡都称重，一般都从鸡群中抽出一部分鸡来称重，以测得的数值来推断全群的体重。抽样比例一般为3%~5%。从鸡群中抽出的个体应能正确代表鸡群的体重，因此必须采用随机抽样的方法。为了使抽样具有代表性，平养鸡抽样时一般先把舍内鸡只徐徐驱赶，使舍内各区域鸡只及大小不同的鸡只均匀分布，然后在鸡舍对角线方向依次取点，随机将鸡用围栏围起来；笼养鸡的每层笼子、每列笼子都要有取样点，每个取样点不管鸡只大小都要称重。育雏期、育成期每周称重1次，产蛋期每2周称重1次，每次称重要在一周同一天的同一个时间，为了使称得的体重接近实际体重，称重时间可在早上开灯喂料前，也可在下午饲料基本消化完毕后进行。称重的秤，每个鸡舍要固定使用，最小刻度应小于20克。称重时要做好记录。

（二）体重均匀度的控制

体重均匀度反映了鸡群体重大小的整齐程度，是评价整体鸡群生长发育的一个重要指标。体重均匀的鸡群开产早、产蛋期产蛋率高、产蛋高峰维持时间长、总产蛋量高、饲料转化价值高。良好的均匀度不仅能提高整个鸡群的产蛋率和产蛋持续能力，而且还能节约饲料。体重均匀度的表示方法如下。

1. 用处于平均体重上下10%范围内的个体比例来表示

体重均匀度在70%~76%时为合格，达77%~83%认为较好，达到 84%~90% 为最好。体重均匀度计算公式如下：

$$体重均匀度 = \frac{处于平均体重上下10\%范围内的鸡只数}{抽样总数} \times 100\%$$

(5.1)

2. 以变异系数来表示

统计学上以变异系数表示一组数据的离散程度，变异系数越大，说明这组数据越离散，越不均匀。变异系数在 9%~10% 为合格，在 7%~8% 为较好。

体重均匀度的影响因素主要包括鸡苗质量、饲养密度、布料均匀度（鸡只采食是否均匀）、环境条件的均匀情况、断喙和疾病因素等。在生产中，养殖人员从第 1 周开始加强各方面的均匀管理，重视均匀度的提高，重视自然养出来的体重均匀度，弱化称出来和挑出来的体重均匀度，把分栏饲养和挑鸡作为控制体重均匀度的补救办法。均匀度控制贯穿于养鸡生产的全过程。在生产中除了加强体重均匀度的控制外，还要加强包括骨架、体形、换羽、抗体滴度、性成熟和体成熟等方面全方位均匀度的控制，使鸡群为以后打下一个扎实的基础，进而提高鸡群的整体效益。

（三）搞好卫生防疫

育成期是蛋鸡全程发病较少的一段时期，但也要加强日常卫生管理，定期清扫鸡舍，更换垫料，注意通风换气，执行严格的消毒制度。同时该期也是接种疫苗较频繁的一个时期，应注意疫苗接种的质量，为产蛋期发挥良好的产蛋性能打下一个良好的身体基础。

（四）选择淘汰

勤观察鸡群状况，结合称重结果，对体重不达标的鸡以及病鸡、弱鸡、残鸡和性别鉴别错误的鸡尽早淘汰，以免浪费饲料和人力。一般在6~8周龄即育雏期结束转入育成期时进行初选，第2次筛选一般在18~20周龄，可以与转群或接种疫苗同时进行。

（五）补喂砂砾

从第7周开始，蛋鸡开始补喂砂砾，砂砾不仅能提高鸡的消化能力，而且还可避免肌胃逐渐缩小。每1 000只鸡每周饲喂的砂砾量：5~8周，4.5千克，粒径1毫米；9~12周龄，9千克，粒径3毫米；13~20周龄，11千克，粒径3毫米。砂砾要求清洁、卫生，使用前先将砂砾中的杂物清除，再用清水冲洗干净，然后用0.01%高锰酸钾水溶液进行消毒，处理完毕后才能使用。

（六）驱虫

育成期的鸡只感染寄生虫后主要表现为羽毛松乱且无光泽、冠髯苍白、喙和腿颜色较浅等，鸡只消瘦、生长发育迟缓甚至出现死亡。因此，蛋鸡转群时最好进行1次驱虫工作，对体内寄生虫和体外寄生虫联合用药，保证鸡只健康地生长发育。为了保证驱虫效果，鸡群驱虫后应给予连续不少于3天的带鸡消毒。

（七）训练上栖架

鸡有登高栖息的习性，育成鸡平养时，上栖架可避免夜间鸡群受惊受潮，防止挤压引起的伤亡。同时在栖架上栖息，空气清新，鸡不会因地面潮湿或天气寒冷而患呼吸道疾病。另外，栖架还具有成本低、占地面积小、便于清粪等优点。栖架一般用4厘米×6厘米的木棍或木条制作，斜立或平立均可，高度为60~80厘米，间距为30~35厘米，每只鸡一般占有10~20厘米的位置。使用过程中，栖架下面可以铺一层厚一点的塑料布，塑料布上边铺一层土，鸡粪落在上面，需要清洁的时候把塑料布抽出来清理干净就可以了。

第三节 蛋鸡产蛋期的饲养管理

产蛋期的饲养管理目的在于最大限度地为产蛋鸡提供一个有利于健康和产蛋的环境，充分发挥其遗传潜能，生产出更多的优质商品蛋。

一、日常管理

（一）观察鸡群

注意观察鸡群的精神状态和粪便情况，尤其是清晨开灯后，若发现病鸡及时隔离并报告管理人员，观察鸡群的采食和饮水情况，还要注意歪脖、扎翅、啄肛、啄蛋、跑出笼外的鸡；检查舍内设施及运转情况，发现问题，及时解决。

（二）减少应激

任何环境条件的突然变化，都能引起鸡群的惊恐而发生应激反应。突出的表现是食欲不振、产蛋量下降、产软皮蛋、精神紧张，甚至乱撞引起内脏出血而死亡。这些表现需数日才能恢复正常。因此，应认真制定和严格执行科学的鸡舍管理程序，鸡舍固定饲养人员，每天的工作程序不要轻易改动，动作要稳，声音要轻，尽量减少进出鸡舍的次数，避免猫、狗惊吓，鸡舍附近严禁燃放鞭炮和汽车鸣笛，保持鸡舍环境安静。

（三）合理饲喂及充足的饮水

无论采用何种方法供料，必须按该鸡种饲养手册推荐的采食标准执行，过多过少都会产生不良影响，一旦建立，不宜轻易变动。喂料过程中要注意匀料，防止撒布不匀。要保证不间断供给清洁的饮水。

（四）保持环境卫生

室内外定时清扫，保持清洁卫生。定期对舍内用具进行清

第五章 蛋鸡的饲养管理

洗、消毒。

(五)适时收蛋

蛋鸡的产蛋高峰一般在日出后的 3~4 小时,下午产蛋量占全天的 20%~30%。因此,每日至少上、下午各捡蛋 1 次,夏季 3 次。捡蛋时动作要轻,减少破损。

(六)及时淘汰低产鸡和停产鸡

产蛋鸡与停产鸡、高产鸡与低产鸡在外貌及生理特征上有一定区别,可根据外貌和生理特征及时淘汰低产鸡和停产鸡,可以节省饲料、降低成本和提高笼位利用率。

二、不同产蛋时期的饲养管理

(一)初产至产蛋高峰期的管理

产蛋鸡从 16 周龄起进入预产期,25 周龄达到产蛋高峰,这个时期的饲养管理状况是否符合鸡的生长发育和产蛋的要求,对产蛋量影响极大。

1. 适时转群,按时接种、驱虫

蛋鸡入笼工作最好在 18 周龄前完成,以便使鸡尽早熟悉环境。过迟易使部分已开产鸡停产或使卵黄落入腹腔引起卵黄性腹膜炎。在上笼前或上笼的同时应接种新城疫疫苗、减蛋综合征疫苗及其他疫苗。入笼后最好进行一次彻底的驱虫,对体表寄生虫如螨、虱等可喷洒药物驱除,对休内寄生虫可内服丙硫多菌灵 20~30 毫克/千克体重,或用阿福丁(虫克星)拌料服用。转群和接种前后应在料中加入多种维生素、抗生素以减轻应激反应。

2. 适时转换产蛋料

为了适应鸡体重和生殖系统的生长发育需求,可在 18 周龄开始喂产蛋鸡料,20 周龄起喂产蛋高峰期料。同时在料中额外添加 1 倍量多种维生素。自由采食,开灯期间饲槽中要始终有料。

3. 控制体重

蛋鸡的体重是重要的检测指标,只有保持适宜的体重,才能保证鸡群的健康,发挥产蛋鸡的遗传潜力,产蛋期的体重控制重点是防止过肥。

(二) 产蛋高峰期的管理

鸡群产蛋率达到80%时,就可以确定为进入产蛋高峰期,一般90%产蛋率可以维持3个多月,管理好的甚至可以维持5~6个月。

1. 提供足够的蛋白质饲料

蛋鸡产蛋高峰期间,日粮的各种营养素要全面平衡,母鸡对蛋白质的需求随着产蛋率的上升而增加。一般情况下,鸡群产蛋率每上升10%,其日粮中的粗蛋白质含量就应提高1%,到鸡群产蛋率达到90%时,其日粮中的粗蛋白质含量应提高到19%。尽量少用不易吸收利用的非常规饲料原料。

2. 补充足够的钙质

蛋鸡产蛋高峰期间,鸡对钙质的需要量增加,日粮中的钙含量应由3.0%提高到3.5%~4.0%。但应该注意,日粮中的钙含量最高不能超过4.0%,否则会影响鸡的食欲。

3. 补充适量的添加剂

蛋鸡产蛋高峰期间,每1 000千克日粮饲料中要添加多种维生素100克,维生素A、维生素D、氯化胆碱、蛋氨酸、微量元素各1 000克。

4. 做好疾病防治

蛋鸡产蛋期间,除了坚持每周至少1次的鸡舍及运动场消毒外,每隔半月还要在饲料中拌入添加剂等,饲喂3~4天,这样可有效地预防慢性呼吸道疾病、鸡霍乱、鸡传染性鼻炎等细菌性疾病的发生，确保蛋鸡旺盛高产。

5. 蛋壳质量控制

及时检修鸡笼设备，鸡笼破损处及时修补，减少鸡蛋的破损；防止惊群引起的产软壳蛋、薄壳蛋现象。

（三）产蛋后期的管理

产蛋后期（48周龄至淘汰）是鸡群生产性能平稳下降的阶段，这个阶段鸡只体重几乎没有变化，但是蛋重增大、蛋壳质量变差，且脂肪沉积，易患输卵管炎、肠炎。然而整个产蛋后期占产蛋期接近50%的比例，且部分养鸡场在500日龄淘汰时，产蛋率仍可维持在70%以上的水平，所以产蛋后期生产性能的发挥直接影响养鸡场的收益水平。

1. 饲喂管理

要适当降低日粮营养浓度，加大杂粕类原料的使用比例，防止鸡只过肥造成产蛋性能快速下降。如果鸡群产蛋率高于80%，则继续使用产蛋高峰期饲料；如果产蛋率低于80%，则使用产蛋后期料。

实施少喂勤添勤匀料的原则。喂料时，料线不超过料槽1/3；加强匀料环节，保证每天至少匀料3遍，分别在早、中、晚进行。

2. 观察鸡群

经常观察鸡群的采食、饮水、呼吸、精神和产蛋等情况，发现问题及时解决，并做好生产记录，便于总结经验、查找不足。

3. 防病管理

产蛋后期要做好疾病的预防与治疗。有抗体检测条件的根据抗体水平的变化实施免疫新城疫和禽流感疫苗；没有抗体检测条件的，新城疫每2个月免疫1次，禽流感每3~4个月免疫1次油苗。

预防坏死性肠炎、脂肪肝等病的发生。夏季是肠炎的高发季节，除做好日常的饲养管理外，可在饲料中添加药物添加剂预防。防止霉菌毒素、球虫感染损伤消化道黏膜而引起发病；保护肠道黏膜，减少预防性用药次数，增加用药间隔时间。

4. 及时剔除病弱鸡、低产鸡

应及时将不再产蛋的鸡剔除，以减少饲料浪费，节省养鸡成本。病弱鸡、低产鸡应及时剔除，每2~4周检查淘汰1次。病弱鸡可直接淘汰，而低产鸡要通过观察羽毛、鸡冠、肉垂、粪便、耻骨、腹部、肛门等加以鉴别。低产鸡的体质、肤色、精神、采食、粪便、羽毛状况与高产鸡不一样。

5. 体重监测与限饲

轻型蛋鸡（白壳）产蛋后期一般不必限饲。中型蛋鸡（褐壳）为防止产蛋后期过肥，可进行限饲，但限饲的最大量为采食量的7%。限饲要在充分了解鸡群状况下进行，每周监测鸡群体重，称重结果与所饲养的品种标准体重进行对比，体重超重再进行限饲，直到体重达标。观测肥鸡、瘦鸡的比例，调整饲喂计划。

第四节　蛋用种鸡的饲养管理

饲养种鸡的目的是生产优质的种蛋和雏鸡。种鸡管理的重点应放在如何使种鸡保持良好的健康状况和旺盛的繁殖性能，以确保种鸡生产出尽可能多的合格种蛋，从而保证高效的种蛋受精率、孵化率和健雏率。

一、加强防疫，做好疫病净化工作

种鸡的饲养管理必须严格执行种鸡的免疫程序，同时对一些可以经蛋垂直传播的疾病进行检疫和净化，做好疫病的预防工作。如鸡白痢、大肠杆菌病、沙门氏菌病、支原体感染、淋巴细胞白血病、传染性贫血等疾病，可垂直传播给后代。在生产中，进行定期检测，通过检测淘汰阳性个体，确认是阴性个体的才能留种，以达到净化的目的，提高种源的质量。

加强种鸡疾病的防控工作，在种鸡的日常管理中应加强生物安全控制，包括加强消毒，严禁外来人员进入场区，严格按照免疫程序来接种各种疫苗等。

二、注意合理的公母比例

种鸡群中，公鸡过多，不仅会浪费饲料，还会因公鸡争斗而干扰配种，降低受精率；公鸡过少，每只公鸡的配种任务大，影响精液品质，受精率也不高。因此，合理的公母比例是保证高受精率的必要条件。平养方式采用自然交配时，轻型白壳蛋用种鸡公母比例以1：（12~15）为宜，中型褐壳蛋用种鸡公母比例以1：（10~12)为宜。笼养方式一般采用人工授精，公母比例以1：（20~30)为宜。

三、种蛋的选留与管理

选留的种蛋必须符合标准，才能用于孵化。刚开产的种蛋，蛋重小，蛋形不规则且受精率低，一般不宜选留。当种鸡达23~24周龄，平均蛋重在50克以上时即可选留。自然交配的鸡群，公、母鸡混群后1周受精率可达高峰，此时便可收集种蛋；人工授精的鸡群，连续2次输精或首次输精量加倍，然后隔1天后开始收集种蛋。

为了提高种蛋的合格率，应注意勤捡蛋。平养种鸡应每天捡蛋4~5次，笼养种鸡应至少2小时捡蛋1次，尤其是炎热夏季或寒冷冬季更应增加捡蛋次数。捡蛋时应做到：每次捡蛋前用消毒药液洗手，不符合要求的种蛋随时剔除，有条件的可在鸡舍立即消毒，若不能做到，应及时送往蛋库熏蒸消毒后储存，决不允许种蛋在鸡舍内过夜。

种蛋保存的最佳温度为12~15℃，相对湿度为75%~80%。保存1周以内，可采用上限温度，超过1周应采用下限温度为好。另外，种蛋在保存前不宜洗涤，以免胶质性保护膜被溶解破坏而加速蛋内水分的蒸发和蛋壳表面残余细菌的侵入。蛋库内应空气流通，避免阳光直射，并设有防鼠、防蚊、防蝇的设施。

四、加强种公鸡的饲养管理

(一) 对种公鸡的操作

1. 剪冠

种公鸡生长到成年时鸡冠会非常发达，既妨碍视线，影响采食、饮水、活动和配种，也容易出现被啄伤、机械损伤、冻伤或被蚊虫叮咬等，剪冠也常用于制种标志。所以，在育雏早期可对种用公雏进行剪冠，多数公雏可在1日龄时进行剪冠，操作方法是左手握雏鸡，拇指和食指固定鸡头两侧，右手持医用眼科剪刀贴冠基由前向后将鸡冠一次剪掉，操作时要谨慎小心，防止剪破头顶皮肤。在南方炎热地区，可只把冠齿剪掉，以免影响散热。

2. 切趾

为防止种公鸡配种时抓伤母鸡的背部，要对种公鸡进行切趾。时间是在初生雏出壳后2~3天内。方法是使用专用的切趾器，分别将左右两脚的两个内侧脚趾带指甲的第一关节切去。

3. 烙距

为防止种公鸡在自然交配过程中抓伤母鸡的背部，可在1日龄或6~9日龄采用电烙铁烧灼距部，以阻止距的生长。

(二) 种公鸡的选择

种公鸡的质量对种蛋的受精率有很大的影响,必须加强对种公鸡的选择。在实际生产中,种公鸡的选择一般分3次进行。

第1次是在6~8周龄时进行,具体要求是在符合本品种体形外貌特征的前提下,选择体重大;腿长、强健而直,脚趾正常,结构匀称,体态良好,关节无畸形;龙骨长而直,胸部羽毛生长良好,脊背长而直的个体;选留以公母比例1∶(7~8)为宜。

第2次一般是在18~20周龄,常结合转群进行,具体要求是应选留身体健壮、发育匀称、体重符合标准,雄性特征明显、外貌符合本品种特征要求的;用于人工授精的公鸡,还应考虑公鸡性欲是否旺盛、性反射是否良好;选留比例,平养自然交配以公母比例1∶(9~10)为宜,人工授精公母比例以1∶(15~20)为宜。被选留的公鸡,若用于人工授精,应单笼饲养;若用于平养自然交配,应于开始收集种蛋前2~3周放入母鸡群中。

第3次选留,对于平养自然交配,应在公母混群交配后10~20天时进行。此时应淘汰性欲差、交配能力弱及常常呆立一旁的公鸡。留种比例,平养自然交配公母比例为1∶(10~15),人工授精公母比例为1∶(20~30)。

(三) 繁殖期种公鸡的管理

1. 单笼饲养

繁殖期人工授精的种公鸡应单笼饲养,若一笼两只或群养,相互之间易出现爬跨、打斗等现象,往往影响精液品质。

2. 体重检查

为保证繁殖期种公鸡的健康和具有优质的精液,应定期检查体重。若体重降低100克以上的,应延长采精间隔或暂停使用,加强饲养管理,待恢复体况后,再正常利用。

3. 繁殖期公、母鸡分饲

在繁殖期,种公鸡的营养需要量低于种母鸡,为了防止种公鸡采食过多饲料,体重超标,将公、母鸡分群饲养,以保持种公鸡良好的体况,提高其繁殖性能。

(四) 鸡的强制换羽

人工强制换羽是指人为地给鸡施加一些应激因素,在应激因素作用下,使其停止产蛋,体重下降,羽毛脱落从而更换新羽。强制换羽的目的是使整个鸡群在短期内停产,换羽可以恢复体质,提高蛋的质量,延长鸡的经济利用期。

1. 人工强制换羽前的准备

(1) 整顿鸡群。淘汰病弱、瘦小的鸡,以及休产、换羽、发育不良、腹大而硬的低产鸡,选留体质健壮、有高产特征的鸡只组成强制换羽群。强制换羽期的死亡率和换羽后的生产性能,与鸡群是否经过严格选留有密切的关系。对选留鸡只可按体重大小分群,各群实行不同的断食天数,否则体重大小不整齐,无法准确把握鸡体的失重指标和恢复喂料的最佳时机。

(2) 免疫与驱虫。鸡群实施强制换羽前要做好疾病的防控工作,在换羽实施前2周检测新城疫抗体效价,如果达不到要求,必须重新免疫。结合鸡白痢和慢性呼吸道病的检测,淘汰阳性个体。寄生虫病多发的鸡群还要进行驱虫。

(3) 抽样称重。换羽实施前定点选择 50~100 只鸡,鸡群大时可抽 3%~5% 在清晨时空腹称重,作为鸡群换羽前的体重。将这些鸡只标记或固定,作为样本测定换羽期间体重的变化,定期称重。

(4) 准备好足够的垫料及用具。对鸡舍内的各种设备进行调试维修。换羽前鸡群仍按产蛋期的规程进行饲养,公鸡单独饲养,不换羽、不遮黑。

2. 实施期

实施期是指从断食第 1 天开始到失重率达到标准为止的一段时间,采用连续断食法。

(1)断食时间。以失重率和死亡率为标准,灵活掌握。停料期间死亡率低于 3%,失重率在 27%~30%。期间两个指标任一指标达到要求,即可恢复供料。

(2)停水时间。非高温季节可短期断水 1~3 天,不可长时间停水,高温季节不可停水。

(3)光照。遮光鸡舍适宜在长日照季节使用,一般要求光照时间缩短为 8 小时,或上午、下午各开 2 小时灯,便于鸡喝水为宜。不遮光的鸡舍适宜在短日照季节使用,换羽效果较好,一般要求日照时数不长于 12 小时。

(4)垫料管理。要求进鸡时铺少量垫料,换羽开始后要及时清扫鸡粪和鸡毛,防止鸡只啄食羽毛和杂物,停料后 2 天开始根据脱换羽毛情况局部或全部换垫料。

(5)称重。开始换羽的第 1 天称重 1 次,作为基础体重来计算每天的失重率。换羽期第 8 天开始称重测算失重率,以后每 2 天称重 1 次,从第 11 天开始每天称重 1 次,当失重率达 27%~30% 时即可恢复供料。

(6)环境控制。由于停料后鸡体自身产热量下降,在凉爽或较冷季节强制换羽时,应通过减少通风量和辅助加热来维持一定的舍温,做到舍温不低于 24 ℃,做好通风工作。

(7)补钙。为了防止停饲所引起的软骨症和骨质疏松症,保证恢复开产时的蛋壳质量,换羽期应适当补钙:断食前 2 天每吨饲料中加 68~70 千克的粗贝壳粉,停料后的最初 3~4 天,每天下午每只鸡补给 15 克贝壳粉。对停料期间失重过快的鸡群,视情况适当补喂贝壳粉，体重减少20%至开始喂料前，每天每只饲喂10克贝壳粉。

3. 恢复期

恢复期是指从开始恢复喂料至产蛋率达到50%的一段时间。

(1) 恢复喂料的时间。因鸡种、季节、日龄和营养状况有差异，恢复饲喂时间可参考以下几方面指标进行确定。一是最低失重率不小于25%，死亡率不超过3%。在停料末期解剖死亡鸡，以腹腔内脂肪基本耗尽为宜，触摸部分活鸡胸骨，棱角明显。二是观察鸡的换羽情况，正常为换羽开始的7~10天，主要是体内的小羽脱落；10~20天主翼羽开始脱落；50天会脱落70%，每次脱落1~3根，脱落后10天左右重新长出新羽。产蛋率达50%时，主翼羽10根中已有5根以上脱落，说明换羽效果较好。

(2) 恢复期喂料量的过渡。恢复期后喂料量应严格按照由少到多，逐渐过渡到最大喂料量。这样做的目的是让处于长期饥饿状态的已经缩小的胃肠慢慢适应，过渡期一般不少于13天。恢复供料时要有足够的料槽，让鸡群能采食均匀，提高体重均匀度。

(3) 光照。开始换成产蛋鸡料时采用渐增法增加光照时间，每周增加0.5小时，至16小时恒定。

(4) 体重恢复。恢复喂料后每周抽样称重1次，这个时期的体重恢复快慢与过渡期的喂料方式有关。一般前期增长较快，后期逐渐变慢，当8~9周时应接近或达到强制换羽前的体重水平。强制换羽鸡群转入第2个产蛋期时，其产蛋规律与第1个产蛋期大致相同，但产蛋期持续的时间较短，整体产蛋率较低。

4. 种公鸡的管理

为了提高受精率，换羽后的种母鸡最好选用24周以上、已达性成熟的年轻新种公鸡与其进行配种或人工授精。新种公鸡要

第五章 蛋鸡的饲养管理

求体重达到标准或略超过标准,身体健康,无垂直传播的疾病。产蛋前母鸡与公鸡混群,初放时公母比例按 11∶100 进行,然后剔除因体重小而失去配种能力的公鸡,公母比例达 10∶100 即可。如果换羽后仍使用原有的公鸡,应在换羽前把公鸡挑出,实行公母分群饲养,饲喂原日粮 90% 的料量,维持到换羽的第 28 天左右开始加料,每天每只加料 7~8 克,加到高峰料量时进行维持。

种鸡的强制换羽方案并不是一成不变的,要根据具体情况把停料、停水、光照有机地结合运用,才能取得最好的成绩。换羽后鸡群的高峰产蛋率达 85% 以上、受精率达 90% 以上,则说明换羽是成功的。否则就要吸取经验教训,修改完善原有的强制换羽方案,以达到理想的换羽目的。

第六章 肉鸡的饲养管理

第一节 肉鸡的饲养管理

一、鸡舍清洗与消毒

空舍期要做好鸡舍的整理、清洗及消毒工作。

(一) 鸡舍的清洗

鸡出场后,应立即在垫料、设备、墙壁表面喷洒消毒剂。清除鸡舍内的粪便、垫料、碎屑等,进行无害化处理和资源化利用。鸡舍的地面、墙壁、笼具、清粪机、料槽、进风口、风扇轴和风扇叶等用高压清洗机冲洗干净。清洁和冲洗水线,首先将水线调节到距离地面1.0~1.5米处,打开水线末端的球阀,打开所有的冲洗球阀,关闭工作球阀,对水线进行清洗;然后将有机酸加入水线,浸泡12小时,用清水冲洗。清洗水线的有机酸可以选择5%过氧乙酸、5%草酸、5%甲酸、15%次氯酸钠等。

设备维护可在鸡舍清洗、晾干后进行,包括供电、供水、供料、通风、供暖、照明、测量、报警、水帘、自动控制系统等设备,确保设备正常运行。

(二) 消毒

1. 鸡舍消毒

鸡舍消毒前先将水线、料线调至最高位置,消毒人员要做好

第六章 肉鸡的饲养管理

自我防护，配备好防毒口罩、防风眼镜、手套、水靴等。鸡舍的第1遍消毒可采用0.2%二氯异氰尿酸钠，每平方米喷洒0.3升，严禁喷洒水线、料线、风机、烟道、暖风管等设备。消毒后关闭窗户，封闭12小时，晾干。地面采用3%氢氧化钠溶液消毒，每平方米喷洒0.3~0.5升，喷洒要均匀。

2. 全场消毒

鸡场内的道路、职工宿舍、厕所、排水沟等进行彻底清理、消毒，工作人员的衣物严格洗涤、消毒，其他直接或间接接触上批鸡的物品也要严格消毒。消毒时用高压冲洗枪将消毒剂均匀地喷洒在鸡舍四周的道路上，每平方米喷洒0.3~0.5升，一直到养殖场大门口。消毒剂可选用3%氢氧化钠溶液或其他消毒剂。

3. 垫料消毒

地面平养时对新铺的垫料采用氯制剂或过氧乙酸严格消毒。

4. 熏蒸消毒

鸡舍第1次消毒后结束，检查设备是否安装完好。将消毒后的料盘、饮水器及其他用具等移进鸡舍，按要求摆放。将鸡舍加湿至80%，封闭鸡舍，升温至25℃以上。进鸡前3~4天进行熏蒸消毒，一般按照每平方米40毫升福尔马林、20克高锰酸钾，或者20%过氧乙酸5毫升进行，鸡舍封闭熏蒸24~48小时。熏蒸消毒结束后打开门窗和风机充分地通风换气，以排出甲醛气体，保证雏鸡进舍时没有消毒剂的气味。

(三) 鸡舍试运行

检查鸡舍的封闭性，运行湿帘系统，确保负压值在正常范围内。调试、校正其他设备。

二、进鸡前的准备

(一) 鸡舍预温

寒冷季节准备好足量的煤炭，运行鸡舍取暖系统。夏季要运行好湿帘降温系统。冬季育雏至少要提前3天（72小时）预温，夏季育雏至少要提前1天（24小时）预温。若同时使用电热保温伞，最好在雏鸡到场前24小时开启电热保温伞，雏鸡到场时伞下垫料温度达到29~31℃。

（二）饲料、饮水、疫苗、药物的准备

料塔或操作间内备好饲料；水线冲净后放足水，检查是否有漏水或堵塞现象；常用药物、疫苗等可适当购置并保存好；生产用记录表等物品事先准备好。

（三）人员培训

组织好饲养人员，进行技术、纪律等方面的培训。制定合理的激励政策，使工作人员工作有动力。

三、进鸡

（一）雏鸡的选择

雏鸡的健康与否，直接关系到肉鸡养殖的成败。因此，应选择来自健康种鸡场、品种优良的雏鸡。

健康的雏鸡绒毛丰满，活泼好动，对光和声音反应灵敏；脐部收缩良好，卵黄吸收良好，肛门附近无粪便黏着；叫声洪亮清脆，站立稳健，握在手中有弹性、挣扎有力；体态匀称，体重适中等。

（二）科学的运输

运雏车使用前应冲洗消毒，接运雏鸡时采用专用运雏箱。装运时要注意平稳、通气，每箱装雏鸡的数量约占箱子面积的一半，以免拥挤压死雏鸡。运输时，要防止剧烈的颠簸、震动、摇晃、倾斜，冬季注意保温，夏季注意降温和通风。勤观察雏鸡状态，每隔30分钟检查1次，如发现过热、过凉或通风不良，要及时采取措施，防止雏鸡挤压、缺氧。雏鸡运输应做到快速、平稳、安全，不误开食时间，最好在出壳后8~12小时运到鸡舍，尽量不要超过24小时。

(三) 接雏

雏鸡到达目的地后,卸雏鸡箱时应轻、稳、快,由育雏人员将雏鸡箱搬入育雏舍。雏鸡进入育雏舍后先不要从雏鸡箱中取出,让其适应舍内温度,然后再取出雏鸡,清点数量,健、弱雏分开,对于不合格的弱雏及早淘汰。雏鸡休息1~2小时后,进行饮水、开食。

四、饮水与开食

(一) 饮水

1. 初饮

雏鸡第1次饮水称为初饮,又称开水。雏鸡开始饮水的时间最好在出壳后24小时内,不要超过36小时。先饮水后开食,有利于胎粪的排出和体内剩余卵黄的吸收,增进食欲。雏鸡进舍前,应将饮水器均匀地分布安置妥当,以便于所有的雏鸡能及时饮水。初饮水应为温开水,水温在25~30 ℃,最好在饮水中添加5%~8%葡萄糖、适量电解多维素和抗应激药物,以增强雏鸡抵抗力,缓解应激。也可以采用0.01%高锰酸钾水初饮,这样利于胃肠的清洗和胎粪的排出。初饮时饲养人员可以抓几只雏鸡,将其鸡喙浸入水盘中,然后再放开让其自己饮水,若这几只雏鸡会饮水了,其他雏鸡很快就会通过模仿学会饮水。

对于不会饮水的雏鸡要进行人工辅助,可将鸡喙浸入水中沾几下。最初1周内最好饮用温开水,水温最好与室温相同,1周后可改饮凉水。

2. 饮水用具

平养肉鸡一般在第1周采用塔形真空饮水器,7~10日龄塔形真空饮水器和乳头式饮水器结合使用,11日龄以后可以采用乳头式饮水器。有的小型肉鸡场一直使用塔形真空饮水器，到10日龄左右改成约1.5升的小型饮水器，日龄再大就改用5~8升的大型饮水器。有的肉鸡场还采用普拉松自动饮水器。

3. 注意事项

饮水要保持清洁卫生，饮水器应每天洗刷消毒1~2次，并及时更换新鲜饮水。建议水线每周处理1次，每次加药后或免疫后都要冲洗水线，防止水线堵塞。饮水器数量要充足，分布要均匀，高低、大小及型号应随雏鸡日龄增大而调整。立体笼养育雏时采用乳头式自动供水系统，进雏前将水压调整好，清洗消毒后检查每个乳头，对漏水、堵塞或损坏的乳头及时维修、更换。开始在笼内放置饮水器饮水，1周后应训练雏鸡在笼外饮水。平养育雏时随雏鸡日龄增大要逐渐调整饮水器的高度，调整饮水器时应逐渐进行。饮水器边缘的高度以与鸡背等高或略高于鸡背为宜，饮水器下面的垫料要经常更换。雏鸡的饮水要做到随时自由饮水，保证全天供水，不间断。通常情况下，鸡的饮水量是采食量的2~3倍。当气温升高时，饮水量增加。

(二) 开食

1. 开食

雏鸡第1次吃料叫开食。过早开食，雏鸡无食欲，对消化器官有害，影响以后的生长发育；过迟开食，雏鸡体力消耗过大，影响成活率及以后的生长。一般雏鸡出壳后24~36小时开食，最晚不超过48小时；开饮2~3小时后即可开食，或饮水半小时后30%~50%雏鸡有啄食行为时开食为宜。

开食的饲料要新鲜、颜色鲜亮、适口性好、颗粒大小适中、营养丰富、易于啄食和消化，常用全价颗粒饲料的破碎料。前几天可将饲料撒在开食料盘内，让雏鸡自由啄食，对不会吃料的雏鸡要诱导采食，可以用手指轻敲饲料引诱雏鸡啄食饲料，雏鸡采

第六章 肉鸡的饲养管理

食具有模仿性,大群雏鸡很快就能学会采食。为使雏鸡较易发现饲料,应增大光照强度。开食料盘必须和饮水器间隔放置,均匀分布,以保证每只鸡都能采食和饮水。学会饮水和吃料的小鸡嗉囊应该是饱满的、柔软的,反之,嗉囊空虚。对嗉囊空虚的小鸡要训练调教,使它学会饮水吃料。

2. 喂料用具

规模化肉鸡场雏鸡在1~5天使用开食料盘,5天后使用自动喂料系统。小型肉鸡场一般前3天使用开食料盘,3天后常常采用料槽或料桶喂料,以减少饲料的浪费和污染。

3. 喂料次数

前几天饲料应多次少量、勤添勤喂,最初1周每天可加料5~6次,2~3周每天加料4~6次,以后每天加料3~4次即可。立体笼育时开始在笼内放置料盘喂料,1周后应训练雏鸡在笼外吃料。

4. 注意事项

平面育雏时,开始几天最好把饮水器、开食料盘放置于热源附近,以便雏鸡取暖、采食和饮水。一般每100只鸡用1个开食料盘,也可用塑料布或编织袋。采用料槽喂料时使每只鸡应有5厘米以上的采食位置;使用料桶时,一般每20~30只鸡备1个料桶,2周龄前使用3~4千克的料桶,2周龄后改用7~10千克的料桶,更换喂料器时应采取逐渐过渡的方法,并应注意调整料槽或料桶的边缘与鸡背部保持等高,避免饲料浪费或饲料被污染。采用自动喂料系统时,料槽或料盘要有格栅,肉鸡的头部可以自由进出,但踩不进去。每天记录采食量,当采食量异常时,应注意观察鸡群的情况,采取相应的措施。

五、合理分群

公鸡和母鸡生长速度不同,公、母鸡长到2周龄以后,对料槽、水槽高低的要求不同，如混养往往不能满足不同的要求。母鸡5周龄后生长速度相对下降，公鸡的快速增长期可到7周龄，两者出栏时间不同。因此，生产中按照鸡只的体质强弱、性别、体重大小分群管理，有利于鸡群生长发育一致，提高经济效益。

六、出栏

提前7天联系屠宰场，制订出栏计划，包括现场检疫的申报、出栏的鸡舍及其抓鸡时间等。根据出栏计划，按要求停料、停水。准备出栏的肉鸡，应在出栏前6~8小时停料，饮水可继续供应，如果停料时间太久，不仅肉鸡失重太大，而且对胴体品质和等级均有影响。

抓鸡时，要尽量减少对鸡只的应激和损伤。鸡舍内的光照要为暗光，尽量选择在早晚光线较暗的时间进行，减少鸡只的活动，便于捕捉。抓鸡、装鸡、运鸡的设备要经过清洗、消毒。毛鸡出栏、运输有关的证明和记录，如动物检疫合格证、畜禽养殖档案等要保存好。对于已装笼和已运到屠宰场等候屠宰的肉鸡，炎热季节要防止烈日暴晒，注意通风、防暑。寒冷冬季应适当注意保暖。笼子、用具等回场后须经消毒处理后才能再次使用，以免带进病原。

第二节 肉用种鸡的饲养管理

一、育雏期的饲养管理

育雏期要培育出生长发育正常、体重符合标准、整齐度好、健康的鸡群。

(一) 鸡舍及外周环境的消毒

移出鸡舍中所有可移出的设备、饲料及其他物品，铲刮棚架上、鸡舍边角及其他表面所积累的粪便，将垫料和粪便清理出来并将其无害化处理。用高压水枪彻底冲洗鸡舍和设备，污水要无害化处理。选择适宜的消毒剂，在设备重新安装之前或之后进行轮换消毒。进鸡前要采用福尔马林、高锰酸钾或过氧乙酸进行熏蒸消毒，熏蒸消毒结束后要注意充分地通风换气，以除净消毒剂的气味。

鸡舍周围的道路、墙壁等要充分清洗，然后用3%氢氧化钠喷洒消毒。

（二）进雏前的准备工作

育雏期用到的开食料盘、料桶和饮水器消毒后用清水冲净、晾干，摆放在围栏旁备用。育雏围栏一般0.5米高，若使用电热育雏伞，围栏直径为3~4米；若使用燃气育雏伞，围栏直径为5~6米。雏鸡围护在电热保温伞、饲喂器和饮水器的区域内，避免雏鸡受到贼风的直吹。备齐大水桶、台秤、日报表、周报表、铅笔等用具。

采用暖风机、电热保温伞或其他设施对鸡舍进行预温和保暖。预温前应先封闭鸡舍，冬季提前2天、夏季提前1天供暖，使舍温上升至27~29℃。进鸡前10小时打开电热保温伞，保证雏鸡入舍前3小时内温度达到33~34℃。相对湿度要达到70%左右，必要时可加湿。

准备好充足的饲料和饮水，在雏鸡入舍前9小时准备好饮用水，并自然降温至20~24℃。饲料要营养全面，无霉变。

（三）初饮

选择健康的雏鸡，运到鸡场接入鸡舍安置妥当。公、母雏分开摆放于育雏围栏外，清点鸡数，查看鸡只的健康状况。开饮时将饮水器放入围栏内均匀摆放好，避开电热保温伞正下方。初饮的水一般为温开水或经过消毒处理的井水，水温为25℃左右。

饲养员可将鸡喙浸入水中2~3秒，诱导雏鸡喝水。为保证鸡只喝上干净的饮用水，应每3~4小时更换1次饮用水。

初饮之后就进入正常的饮用水管理。育雏期前3天可以在饮用水中间歇性地添加复合维生素、抗生素、葡萄糖等，可以缓解应激，提高鸡只的抵抗力，加入上述添加剂的饮用水应在2小时内饮完。由水槽向乳头式饮水器过渡时要逐渐进行，应有足够长的过渡期。调整好水线的高度，使鸡只颈部在喝水时与水平面成45°角。水线要调平，保证每个饮水器都有足够的水量，饮用水要通过加压泵和过滤装置进入水线。要经常冲洗水线，保证其畅通。

(四) 开食

雏鸡初饮后或有30%的雏鸡有觅食行为（如雏鸡绕围栏奔跑）时，就可以开食了。雏鸡的饲料一般为全价颗粒饲料的破碎料。先根据当日供料量及栏内鸡数，将饲料称好放在围栏外，开食时取出少量饲料放在开食料盘内并均匀铺开。开食料盘和饮水器要交叉排列，均匀分布。

放置开食料盘时应先将雏鸡赶开并确认盘下无雏鸡时再放置。用手指轻敲开食料盘沿或将鸡喙轻轻按入饲料盘中，训练雏鸡啄食饲料。一旦有雏鸡学会采食，其他雏鸡2小时内基本都能学会。添加饲料的原则是少喂、勤添，以刺激雏鸡的食欲，增加采食量，同时也能减少饲料浪费，添加的饲料一般以盖住开食料盘的底部为宜。

肉用种鸡饲养的前2周基本都是采用自由采食，第1周可以每天饲喂6~8次，第2周每天饲喂6次。3~4周龄时应按照规定的饲喂量进行饲喂，每天可以饲喂1~2次。在第1周饲喂的饲料中可以添加益生素类物质，可以维持雏鸡良好的肠道环境，以减少肠道疾病的发生。

饲喂时，必须准确称量饲料量，做好记录，育雏期每次添料要均匀，让每只鸡有同等的采食时间，才能保证其均匀度。育雏期要逐渐过渡饲喂用具，包括由开食料盘到料桶的转换和到料槽的转换。料线安装时应注意料管或料槽平直。随时剔出料盘中的污物、粪便等杂物。

（五）鸡群的管理

1. 断喙

肉用种鸡一般在6~12日龄进行断喙，第1次断喙后，有少数不理想的，可在10~12周龄修喙1次。肉用种鸡在育成期要进行限制饲养，如果不断喙将会发生严重的啄癖。

断喙应采用专门的断喙器，待断喙器上的刀片加热至暗红色时便可以进行。一般母鸡上喙断去喙尖到鼻孔的1/2，下喙断去喙尖到鼻孔的1/3；公鸡上喙断去喙尖到鼻孔的1/3，下喙将喙尖断去一点即可，若上喙断去太多，会影响交配。断喙器的孔径有4.0毫米、4.4毫米、4.8毫米3种，一般以4.4毫米较适宜，具体要视日龄大小和个体大小而定。尽可能地经常更换刀片，保证干净利落地断喙。断喙时将断喙器刀片的温度设定在600~800℃，在断下喙后同时烧烙止血1~2秒，然后将鸡只放下。

2. 鸡群的扩栏

雏鸡在扩栏时应提前做好鸡舍的准备工作，确保养鸡生产顺利进行。混群前先把公鸡移至公鸡栏内饲养。每天观察鸡群，随时拣出死鸡、残鸡。根据鸡只实际生长发育情况，不断调群，定期从隔离栏中取出个体较大的鸡只，同时从大群中取出同等数量个体小的鸡放入隔离栏。每次扩栏时都要提前修整好扩出部分的垫网，每栏可适当增加开食料盘和饮水器2~3个，适时增加鸡舍喂料设备。

3. 填写养殖档案

鸡场的养殖档案是由相关人员执行的生产记录,其中包括育雏记录、育成记录及产蛋记录。主要内容包括饲料消耗数、产蛋量、体重抽测、死淘数、用药情况、免疫接种情况等。养殖档案必须每天记录,以备产地检疫时使用。

二、育成期的饲养管理

肉用种鸡的育成期就是要培育出生长发育正常、体重达标、健康、体成熟与性成熟一致、均匀度达85%左右、育成率达95%左右的鸡群。

(一) 饲喂管理要点

1. 投料准确、迅速、均匀

饲料储存于料塔中,饲喂时,必须准确称量饲料量。使用喂料桶手工喂料时,可使用铰链将喂料桶提升起来加料,同时将所有喂料桶放下,这样可获得均匀喂料。使用机械喂料系统可将饲料以尽可能快的速度(最多5分钟)分布到全部饲喂器,保证所有鸡只拥有相同的机会采食时间。使用喂料桶手工喂料时,料桶中饲料应提前加好,在开始喂料时,同一栋鸡舍中的所有饲养员应在同一栏的不同位置同时放下料桶,保证喂料均匀。每隔一段时间匀料1次,保障鸡只的均匀采食。要提供充足的饲喂面积,使所有鸡同时吃料,使鸡在3米范围内可找到饲料。

2. 保持料箱和料塔的干净卫生

最好配备两个料塔,在不影响正常供应饲料时,每周可对其中一个料塔进行清理消毒。链槽式喂料机料箱和转角处每周清理1次,防止残存的饲料霉变。

3. 料线的调整与使用

自动料线的高度要随时调整,以料盘(槽)沿高度不超过嗉囊的高度为限。

4. 加喂砂砾

从第7周开始，鸡群应加喂洁净的砂砾，以促进鸡只的消化。每周给予砂砾1次，每次每1 000只鸡给予4.5千克，砂砾直径3~5毫米。砂砾使用前用0.01%高锰酸钾溶液浸泡消毒，洗净后取出晾干，使用时先称量，然后直接撒在料槽中供鸡群采食。

5. 先饮水后喂料

在限饲日第2天喂料时，应先饮水半小时再喂料，以减少鸡噎死的发生率。

6. 严格控制鸡只的投料量

按肉用种鸡的标准体重和每周增重的标准值，严格控制鸡只的投料量，为育成鸡提供充足的饮水空间和采食空间，使鸡群发育均匀一致。育雏期、育成期、产蛋期饲养面积、采食空间、饮水空间要科学合理。

(二) 垫料的管理

垫料要求干净，无土块、铁丝、石块等杂物，厚度一般要求7~10厘米。要注意保持垫料的松散、不潮湿、不结块。除鸡舍正常通风外，每天需翻动垫料2次，及时清除潮湿、结块的垫料，以免鸡发生关节炎、胸部囊肿及产生过多的氨气影响鸡群健康。如果垫料过干，容易引起鸡舍内尘土飞扬，可以给垫料直接洒水加湿。垫料上的鸡毛每天清扫1次。

(三) 称重

种鸡的称重结果要与品种标准体重比较，然后调整饲喂量和制订换料时间，使鸡群始终处于适宜的体重范围。

1. 称重时间

育成期每周至少称重1次，并且要在每周的同一天的同一个时间称重。称重可以在早上喂料之前，也可以在下午晚些时间进行。

2. 称重的代表性

称重的取样要有代表性，鸡群抽样不要只选取鸡舍角落或料箱周围的鸡只，不要舍弃任何太大或太小的鸡只。

3. 称重秤

称重时应使用最小刻度不超过20克的秤来称取体重，最好用便于保定鸡只的秤，如带称重漏斗的秤。

4. 称重围栏

用于捕捉鸡只的围栏应轻便、牢固、便于携带、不易伤鸡。每栏以捕捉50~100只鸡为宜。

5. 抽样比例

一般按照5%~10%的母鸡和10%的公鸡的比例来抽样，进行称重。鸡群规模较小时，需要增大抽样比例来确保精确的平均体重。抽样数量最少不得低于50只。

6. 数据处理

如实、准确地填写称重报表，计算鸡群的平均体重和均匀度。

(四) 育成后期的准备

育成后期，除在饲喂程序、免疫用药程序、光照程序等方面与育成期有所不同，需要进行相应的调整外，还要做好下列工作。

1. 安装产蛋箱

在第18周时把产蛋箱一端放在棚架边缘上面40厘米处，早上打开产蛋箱门，傍晚将产蛋箱内的鸡只赶出并关闭产蛋箱的门，防止母鸡在窝内过夜。每周清理塑胶垫上的粪便1次。

2. 加强管理，减少应激

在20~24周龄时，由于增加光照、免疫接种等工作，给鸡群造成不小的应激，因此在本阶段对环境控制和管理操作都要十分细心，尽量减少应激。

第三节 优质型肉鸡的饲养管理

优质型肉鸡外观美、肉质优、肉味鲜、抗病力强，适合高端消费者的要求。常见鸡种有黄羽肉鸡、青脚麻鸡、乌骨鸡、芦花鸡等，目前已形成以黄羽肉鸡生产为主的产业格局。

一、进雏前的准备

（一）鸡舍消毒

进雏前将鸡舍内外彻底打扫，并用高压水枪彻底冲刷地面、门窗、墙壁四周、天花板和固定笼具等，对鸡舍的用品、用具彻底清洗消毒，清水冲洗干净后置阳光下晒干备用。铺上清洁、干燥、经消毒的垫料，将消毒过的干净料桶、饮水器等育雏用具移进鸡舍，摆放安装到位后，将鸡舍门窗、进风口、出风孔等与外界相通的地方全部封闭，进行甲醛熏蒸消毒。48小时后打开门窗、排气扇进行通风，待舍内无味后再关闭门窗，等待进雏。

（二）用具的准备

准备足够的料桶、饮水器。一般 0~3 周龄每 1 000 只鸡需饮水器 20 个，料盘（桶）20 个；以后随日龄的增大，过渡到使用料线和水线。同时准备好育雏料、垫料、药物、消毒器械、注射器等。

（三）预热升温

育雏前 1~2 天，启动供温系统，如热风机、取暖灯等，使育雏区的温度达到 33~34 ℃。

二、育雏期的饲养管理

（一）饮水、开食

雏鸡进入育雏舍后，第1周内及时供给其温开水。可以在第1次的饮水中加入5%葡萄糖，雏鸡2~5日龄的饮水中可加入电解多维素、抗菌药物等以提高其成活率。1周龄后可使用深井水。

雏鸡饮水2小时后，即可开食，可使用全价颗粒饲料的破碎料。将饲料均匀撒在开食料盘中饲喂，1周后换成料槽。2周龄内的雏鸡每天至少投料5~6次，以后每天投料3~4次。每次投喂饲料时，应确保前次投的料已吃完。

（二）温度

雏鸡的体温调节能力弱，必须为其提供合适的温度。温度适宜时，雏鸡表现活泼好动，食欲好，均匀地散布在热源周围；温度过低时，雏鸡表现闭眼尖叫，向热源附近集中，互相挤压聚堆；温度过高时，雏鸡远离热源，张嘴喘气，饮水增加，食欲减退。

（三）湿度

在温度适宜的条件下，机体对湿度的适宜范围较大，高温高湿、低温高湿、高温低湿等都对雏鸡的生长不利。湿度过低，雏鸡因干燥易脱水，表现为饮水增多；湿度过高，不利于羽毛生长，易发球虫病。1~10日龄的适宜湿度为65%~70%，10日龄的适宜湿度为55%~60%。

（四）通风换气

通风换气可向鸡舍输入新鲜空气，排出有害气体，同时调节温度、湿度。通风换气时防止风速过大或温差过大，可用风速测量仪进行测量。

第六章 肉鸡的饲养管理

（五）光照

多采用连续光照，1~3 日龄时采用 24 小时光照；4 日龄以后采用 23 小时光照、1 小时黑暗，让鸡群开始适应黑暗条件，万一停电不会引起鸡群的过强应激，造成损失。放牧饲养的鸡，回鸡舍后晚上可进行补光补饲，但不应超过 23：00。1 周龄光照强度为 25~30 勒克斯，2~3 周龄光照强度为 10~15 勒克斯，3 周龄以后光照强度为 3~5 勒克斯。灯泡的高度为 2 米左右，经常擦拭灯泡与灯罩，以保证亮度。

（六）饲养密度

饲养密度、饲养方式与鸡舍的环境条件，特别是温度、湿度和通风等有关。0~2 周龄时，每平方米可饲养 40~45 只鸡；3~5 周龄时，每平方米可饲养 20~25 只鸡；6~8 周龄时，每平方米可饲养 12 只鸡；9~10 周龄时，每平方米可饲养 8~10 只鸡。

（七）合理分群

雏鸡入舍后，应根据体质强弱，将雏鸡进行分群饲养。随着日龄的增加，要及时扩群，降低密度。在 4 周龄，进行公、母鸡分栏饲喂，及时淘汰病、弱、残鸡。

三、生长期、育肥期的饲养管理

生长期优质型肉鸡生长发育快，采食量不断增加，应及时更换生长期饲料。饲料要保存在避光、干燥、通风处，防止因发霉、潮湿或日光照射造成饲料废弃。育肥期要促进肌肉生长及脂肪沉积，增加鸡的体重，改善鸡肉品质及鸡的外貌，适时上市。

（一）饲料与饮水

优质型肉鸡在不同生长阶段要及时地更换相应的饲料，每天至少 3 次喂料，每次投料不超过料槽高度的 1/3，料槽要及时更换，每周调整料槽的高度，一般使料槽上沿高度与鸡背等高或高出2厘米，料槽数量要足够并且分布均匀。

饮水要新鲜清洁，每采食1千克饲料要饮水2~3千克。自动饮水时要确保饮水器内充满水，饮水器数量足够且分布均匀，饮水器的高度要及时调整，一般使饮水器边缘与鸡背保持相同的高度。

(二) 鸡群的观察

饲养人员要注意观察鸡群的状况，做到有问题早发现，并及时处理。经常观察鸡群是肉鸡管理的一项重要工作。一是检查鸡舍环境的不足，二是检查设备是否运转正常，三是观察鸡群是否健康。饲养员要注意对鸡只的行为姿态、羽毛、粪便、呼吸、饲料用量、健康状况等进行详细观察，通过观察可及时发现一些问题。鸡舍小气候不适宜时要立即调整好，如发现鸡群有病态表现时，饲养人员不许随意投药，应立即报告兽医人员，由兽医人员负责采取相应的技术措施。

(三) 分群

随着鸡只体重的增长，要及时进行公母、大小、强弱分群。这有利于提高体重、整齐度和饲养效益。及时扩群，保持合理的饲养密度。

四、放牧饲养

有些优质型肉鸡耐粗饲，抗病性、适应性强，适于放牧饲养，有放牧或半放牧等饲养方式。30日龄左右的雏鸡，体重在0.4千克左右时可开始放牧饲养。在转移至放牧地前，要做一些适应工作，如逐渐停止人工供温，使鸡群适应外界气温。另外，要在舍内进行"闻哨回窝"的训练，每次喂料前吹哨，使鸡养成听到哨音返回补饲地点吃食的条件反射。饲料中可添加少量青绿饲料，以适应放牧时鸡群采食青绿饲料。

晴朗暖和的天气适合放牧，放牧时间由短到长，让鸡逐渐适应放牧饲养。开始放牧时仍保持舍饲时的喂料量，让其自由采食，以后逐渐由全价配合饲料为主向以昆虫和杂草为主过渡。在饲料投放方面，采取早上少喂、中午不喂、晚间多喂的饲喂制度，以强化鸡觅食能力，降低生产成本，改善肉鸡品质。放养场地施行轮牧，有利于其生态的恢复，利用日光等自然因素杀死病原，减少疾病的发生。

第七章 鸡常见疾病的防治

第一节 病毒性疾病

一、马立克氏病

马立克氏病是由马立克氏病毒引起的肿瘤性疾病,特征是在外周神经、性腺、虹膜、各内脏器官、肌肉和皮肤等发生淋巴样细胞增生、浸润和形成肿瘤性病灶。

(一)流行特点

鸡是该病的易感动物,火鸡也能感染发病,不同日龄鸡对马立克氏病易感性不同,1日龄最易感。病鸡、带毒鸡是该病最主要的传染源,该病病毒可脱离细胞而存在,随灰尘、飞沫和空气到处散播,造成污染。该病具有高度接触性,直接或间接接触都可传染,病毒主要经呼吸道进入鸡体内,其次是消化道,很快遍布全身,鸡一旦感染后可长期带毒、排毒。马立克氏病的发病率与鸡的品种、病毒毒力及饲养管理条件有关,饲养管理条件不良、饲养密度高等会增加该病的发病概率。该病不经蛋垂直传播,但如果蛋壳表面残留带有病毒的尘埃、皮屑,又未消毒,就会造成该病的传染。病毒进入体内首先在淋巴系统,特别是法氏囊和胸腺细胞内增殖,然后在肾脏、毛囊及其他器官的上皮细胞中出现,同时出现病毒血症。是否发生特征性临床症状与病毒毒力有关，病毒一旦侵入鸡群，感染率几乎可达100%，发病率不等，发病鸡大都以死亡为结局，极少数能康复。一般发病原因为早期感染和免疫失败。

（二）临床症状

该病为肿瘤性疾病，有较长的潜伏期。该病多发于2~3月龄鸡，但1~18月龄鸡均可发病。根据临床症状、出现病变部位的不同分为内脏型、神经型、眼型和皮肤型。

1. 内脏型

该型多在1日龄感染，50~60日龄出现症状。病鸡消瘦，羽毛蓬松，精神沉郁，行动迟缓，生长不良，排白绿色粪便，但病鸡多有食欲，发病半个月左右死亡。

2. 神经型

该型表现为病毒侵害坐骨神经，病鸡走路不稳，一侧或双侧腿麻痹，严重者瘫痪不起，典型症状表现为双腿呈一前一后"大劈叉"姿势，病侧肌肉萎缩，有凉感，爪多弯曲；病毒侵害臂神经丛，病侧翅膀松弛无力，有时下垂；病毒侵害颈部迷走神经，脖子会斜向一侧，有时可见大嗉囊或病鸡张口气喘。

3. 眼型

该型表现为病鸡一侧或双侧失明，虹彩消失，眼球如鱼眼，呈灰白色，瞳孔边缘呈锯齿状。

4. 皮肤型

该型表现为在皮肤上有大小不一的肿瘤，可发生在全身各个部位，颈、翅膀、大腿外侧多见，肿瘤结节呈灰黄色，凸出于皮肤表面，有时破溃。

（三）防治措施

及时淘汰发病鸡，对孵化室、育雏舍及时清洁消毒。在孵化前1周对孵化器及附件进行消毒，先用热水清洗，再用消毒喷雾剂消毒；应在进雏之前彻底清扫育雏舍内的羽毛、皮屑、蜘蛛网等，对舍内环境、用具、设施进行彻底消毒，严格执行育雏舍人员进出制度，并禁止其他鸡群与雏鸡接触。保证雏鸡充足的营养，增强雏鸡的抵抗力，认真防治鸡球虫病、鸡白痢等疾病。

加强免疫预防，雏鸡出壳24小时内免疫。目前使用的细胞结合苗和冻干苗保护率为80%～90%，一般在3周内产生免疫力，保护期在20天左右。按说明书稀释疫苗后，每只雏鸡皮下接种0.2毫升，注射疫苗后的雏鸡应严格隔离饲养，防止马立克氏病病毒入侵，否则严重影响疫苗效果。

二、新城疫

新城疫是由新城疫病毒引起的高度接触性、急性、败血性传染性疾病，发病急、死亡快、死亡率高。新城疫病毒属副黏病毒科、副黏病毒亚科、禽腮腺炎病毒属或禽副黏病毒属。新城疫病毒粒子呈圆形，表面有凸起，并含有血凝素，具有凝集红细胞的特性。

(一) 流行特点

鸡、鸭、鹅、鸽、鹌鹑都对新城疫具有易感性，其中鸡最易感；不同品种、不同日龄的鸡都能感染，雏鸡、育成鸡（42～100日龄）最易感，老龄鸡有抵抗力，外来品种的鸡比本地鸡易感染。该病一年四季都可发生，冬、春季多发。病鸡、带毒鸡是主要的传染源。病鸡与健康鸡接触时，新城疫病毒主要通过呼吸道感染；鸡的分泌物中含有大量病毒，病毒污染了饲料、饮水、地面和用具等，可通过消化道感染该病；也可通过带病毒的尘埃、飞沫进入呼吸道引起感染。买卖、运输、违规屠宰病死鸡也是造成新城疫流行的主要因素。

(二) 临床症状

该病自然感染潜伏期为3～5天，临床上根据不同的症状表现和病程长短,将该病分为最急性型、急性型、亚急性型或慢性型3型。

1. 最急性型

该型发病急、死亡快,缺乏特征性临床症状。

2. 急性型

病鸡病初体温升高(42 ℃左右),精神沉郁,采食下降,呼吸困难,不愿走动,肉髯和鸡冠变成暗红色或暗紫色;排绿色或白色稀便;嗉囊空虚,充满大量酸臭液体,倒提病鸡往往从口腔中流出黏液;伸长脖子;产蛋率下降,软壳蛋、无壳蛋和褪色蛋增多。

3. 亚急性型或慢性型

该型由急性型转变而来,主要表现神经症状,病鸡头颈向后或向一侧扭转呈"观星"姿势,站立不稳,常伏地旋转,受刺激后加重,无目的点头,翅、腿麻痹,瘫痪。

(三) 防治措施

1. 加强饲养管理

为防止病原侵入鸡体,应实行"全进全出"的饲养管理制度,定期带鸡消毒。禁止从污染地区引进种鸡或雏鸡,也不可从这些地区购买饲料、设备等。禁止无关人员随便进入养鸡场,防止飞禽和其他动物的入侵。

2. 定期预防接种,增强鸡群特异性免疫力

目前,针对新城疫有各种不同毒力的弱毒疫苗和灭活疫苗,常用疫苗有Ⅰ系、Ⅱ系、Ⅲ系、Ⅳ系、V_4株等,一般Ⅳ系弱毒疫苗应用最多,能取得较好免疫效果。缓发型弱毒疫苗可经点眼、滴鼻、饮水、气雾或肌内注射等途径接种,其中点眼、滴鼻、气雾效果最佳;中发型弱毒疫苗常用肌内注射途径接种。

3. 若免疫后发病,应进行紧急免疫

用Ⅳ系疫苗以3~5倍量分2次饮水免疫,饮水前断水1

小时。

三、禽流感

禽流感是由禽流感病毒引起的急性、败血性传染性疾病,发病急、死亡快、死亡率高。禽流感病毒属正黏病毒科、正黏病毒属,为单股 RNA 病毒,病毒粒子呈球形,病毒粒子表面有血凝素,可使血细胞凝集。

(一) 流行特点

该病一年四季均可发生,多发于冬、春季,夏、秋季发病减少,且呈地方流行性。感染宿主具有多样性,以鸡和火鸡易感性最高,其次可感染鸭、鹅、鸽、鹌鹑、野鸟等,水禽、候鸟等在禽流感的发生中起重要作用。禽流感可通过呼吸道、消化道传播,也可垂直感染。饲养管理不当可导致该病的发生,如温度、通风、天气突变(寒流、雾霾、大雾、大风)等因素均可增大发病概率。

(二) 临床症状

1. 最急性型

该型由高致病性禽流感病毒引起,病鸡很少出现前驱症状,发病急,死亡快,死亡率可高达 90%~100%。病程稍长的表现为精神沉郁,采食下降,呼吸困难,排白绿色稀便,腿部皮肤呈鳞片状出血,头部皮肤出血,鸡冠发绀、出血、坏死,产蛋率下降。

2. 急性型

该型多由低致病性禽流感病毒引起,表现为突然发病,体温升高,可至 42 ℃以上。患病鸡群精神沉郁、缩颈、嗜睡,眼睛呈半闭状态。病鸡采食量急剧下降,呼吸困难、咳嗽、打喷嚏、张口呼吸,伸颈,突然尖叫;嗉囊空虚,排绿色、黄色、白色粪便；眼肿、流泪，初期流浆液性带泡沫的眼泪，后期有黄白色脓性分泌物，眼睑肿胀，两眼凸出，严重的上下眼睑黏在一起，肉髯增厚肿胀，向两侧张开，呈"金鱼头"样。有的出现神经症状，表现为头颈后仰，运动失调，倒地不起，瘫痪等。产蛋率由80%～90%下降至10%～20%，严重的停止产蛋，软壳蛋、无壳蛋、褪色蛋、沙壳蛋数量增多。种鸡感染后，受精率下降，弱雏增多且死亡率较高。

3. 亚急性型

该型多发于免疫后的鸡群，大群精神良好，粪便正常，采食量、产蛋量略有下降，白壳蛋、软壳蛋数量增多，有个别鸡出现眼肿、流泪的症状。种鸡产蛋率、孵化率低，弱雏数量增多且死亡率高。病鸡啄壳，雏鸡无法出壳。

(三) 防治措施

1. 处理

高致病性禽流感属于一类动物疫病，危害巨大，一旦发生，应及时上报有关部门，坚决彻底地销毁疫区内的感染鸡、可疑鸡及饲养工具，严格执行封锁、隔离和无害化处理措施。

2. 预防

(1) 加强现代化、标准化养鸡场的建设，提高管理水平和环境控制水平。饲养、生产、经营场所必须符合动物防疫条件，证件齐全，严格遵守国家相关法律法规。

(2) 养鸡场实行"全进全出"饲养制度，控制人员、车辆、用具的出入，严格执行消毒、清洁程序。鸡和水禽不得混养，与水禽养殖场应相隔3千米以上且不共用水源。养鸡场要做好防飞鸟进入饲养区域的设施、健全的防鼠设施和配套措施的建设。

(3) 加强监督，对鸡的饲养、运输、交易等活动严格监督检查，落实屠宰、加工、运输、储藏、销售等环节的监管措施。

严厉打击不法商贩,发现病死鸡及时报告,高危人群接种流感疫苗。

(4) 做好粪便处理,堆积发酵,不允许露天处理;杜绝鸡与野生禽类接触,散养鸡要圈养。

(5) 疫苗免疫接种,一般每隔3个月接种1次疫苗,但产蛋上升期尽量不接种疫苗。

种鸡、商品蛋鸡:15~20日龄时进行首免,每只接种0.3毫升;45~50日龄时进行第2次免疫,每只接种0.5毫升;开产前2~3周,每只接种0.6~0.7毫升;开产后每隔3个月接种1次。

肉鸡:7~8日龄时每只接种0.3毫升。

3. 治疗

严格隔离病鸡,对症治疗以减少损失。

(1) 抗菌药物。环丙沙星、庆大霉素、卡那霉素等拌料或饮水。

(2) 中药。可用板蓝根、黄连、黄芪、大青叶等粉碎搅拌或煎汁,如每天每只鸡用2克板蓝根、3克大青叶粉碎后拌料,配合防治;黄芪250克、白芍250克、麦冬130克、板蓝根50克、金银花50克、大青叶50克、蒲公英100克、甘草30克、淫羊藿130克,1 000克药兑水3 000千克,可集中饮用,连用3~5天。

(3) 在饲料中添加蛋氨酸、赖氨酸、维生素C或多种维生素饮水,以抗应激,缓解症状,加快体质恢复。

四、传染性法氏囊病

传染性法氏囊病是由传染性法氏囊病病毒引起的一种以破坏鸡法氏囊为特征的急性、高度接触性传染病。传染性法氏囊病病毒属双RNA病毒科、双RNA病毒属,无囊膜。传染性法氏囊病病毒有Ⅰ型和Ⅱ型2种血清型。Ⅰ型病毒来源于鸡，Ⅱ型病毒从火鸡中分离。Ⅰ型病毒在火鸡中具有传染性，但无致病性；Ⅱ型病毒对鸡无致病力。

（一）流行特点

该病毒的自然宿主是鸡和火鸡，目前未见其他禽类出现感染。所有品种的鸡均可发病，3~6周龄的鸡最易感，随着日龄增长抵抗力增强。3周龄以下的鸡感染后会发生严重的免疫抑制。成年鸡法氏囊退化，主要为隐性感染。该病一年四季均可发生，但以夏季的6—7月多发。病鸡和带毒鸡为主要传染源，病鸡粪便中含有大量病毒。饲料、饮水、土壤、器具、昆虫等都可作为媒介传播该病，该病也可通过直接接触传播，经消化道、呼吸道、眼结膜感染。该病潜伏期短、传播快、感染率和发病率高，有明显的死亡高峰。近年来，传染性法氏囊病病毒毒力增强，逐渐难以控制，且常与新城疫、慢性呼吸道病、大肠杆菌病等混合、继发感染。

（二）临床症状

该病特征为雏鸡突然发病，羽毛松乱无光，嘴插入羽毛中，蹲卧在墙角或卧地不起。病鸡排白色奶油状粪便，食欲减退，饮水增加，嗉囊内充满液体。部分鸡有啄肛现象。鸡场首次暴发该病时出现典型症状，死亡率高，以后雏鸡发病症状减轻或呈隐性感染，耐过鸡常有贫血、消瘦、生长迟缓、对多种疾病敏感等表现。出现症状后1~3天内病鸡死亡，群体病程一般不超过2周。

（三）防治措施

1. 加强卫生管理

定期消毒，隔离患病鸡，防止接触感染。

2. 选择合适的疫苗和免疫程序进行免疫接种

（1）种鸡。2~3周龄，用弱毒疫苗饮水；4~5周龄，用中等毒力疫苗饮水，肌内注射油佐剂灭活疫苗。

（2）商品鸡。14日龄，用弱毒疫苗饮水；21日龄，用弱毒疫苗饮水；28日龄，用中等毒力疫苗饮水。

3. 治疗

鸡群出现发病鸡后，及时注射高免血清或高免卵黄抗体，每只鸡1~2毫升；饮口服补液盐补充体液；饲料中添加抗生素防止继发感染，可用0.03%复方磺胺对甲氧嘧啶拌料，连用4~5天，或用聚醚类抗生素、头孢类药物拌料或饮水。

五、传染性支气管炎

鸡传染性支气管炎是由传染性支气管炎病毒引起的鸡的一种急性、高度接触性呼吸道疾病。传染性支气管炎病毒属冠状病毒科、冠状病毒属。病毒粒子具有多形性，但大多为圆形，病毒有囊膜，表面有纤突。病毒能在10~11胚龄的鸡胚中增殖，该病的特征性变化是胚体发生萎缩。

（一）流行特点

该病仅发生于鸡，其他家禽均不感染，各种年龄的鸡都可发病，雏鸡发病最严重，死亡率也高。该病主要经过呼吸道传染，病毒从呼吸道排出，通过空气的飞沫传给易感鸡，也可通过被污染的饲料、饮水及饲养工具经消化道感染，一年四季均可发病，以春季多发。病鸡、带毒鸡是主要传染源。该病的发生与饲养管理有关，饲养管理不当能导致该病发生。

（二）临床症状

1. 呼吸型

（1）患病幼雏表现为伸颈、张口呼吸、咳嗽，发出"咕噜"的声音，尤以夜间最清楚，病鸡精神萎靡，食欲废绝，羽毛松乱，翅下垂，昏睡，怕冷，拥挤在一起。

(2) 产蛋鸡感染后产蛋量下降 20%～25%，同时产软壳蛋、畸形蛋、沙壳蛋，蛋清稀薄、呈水样。

2. 肾型

阶段一：有轻微呼吸道症状，啰音、打喷嚏、咳嗽，持续 1～4 天。

阶段二：呼吸道症状消失，表面无异常。

阶段三：突然发病，病鸡挤堆，厌食，排白色粪便，粪便中几乎全是尿酸盐，病鸡体重下降，胸肌发暗，腿胫部干瘪，羽毛沾满水样白色粪便。

3. 腺胃型

该型病鸡病初表现精神沉郁，食欲和饮欲下降。病鸡出现流泪、眼肿、咳嗽、打喷嚏等呼吸道症状。一段时间后病鸡排出白色或绿色稀粪。病鸡闭眼、缩头、羽毛蓬松、垂翅、跛行，逐渐消瘦，最后衰竭死亡。

(三) 防治措施

1. 加强饲养管理

降低饲养密度，避免鸡群拥挤。

2. 适时接种疫苗

(1) 呼吸型。7～8 日龄时，用 H120 株弱毒疫苗点眼或滴鼻；30 日龄时，用 H52 株弱毒疫苗点眼或滴鼻；开产前用灭活疫苗肌内注射，每只 0.5 毫升。

(2) 肾型。4～5 日龄和 20～30 日龄时，用弱毒疫苗进行接种，或用灭活疫苗于 7～9 日龄颈部皮下注射。

(3) 腺胃型。按防治动物传染性疾病的一般程序进行，除了对病鸡采取早期诊断、隔离、淘汰和消毒等综合措施外，在疫区可应用分离毒株制备油乳剂灭活疫苗预防该病。强毒株灭活疫苗保护率可达 95%以上，而使用呼吸型和肾型传染性支气管炎疫

苗均不能预防腺胃型传染性支气管炎。

（4）鸡传染性支气管炎变异株。2~3日龄、10~12日龄和100~120日龄时，接种弱毒疫苗，或皮下注射油乳剂灭活疫苗。

3. 使用抗生素

在饲料或饮水中添加多西环素、环丙沙星、红霉素等抗生素对防止继发感染具有一定作用。对肾型传染性支气管炎，发病后，应降低饲料中各种蛋白质含量，用肾肿解毒药饮水，降低肾脏负担。对鸡传染性支气管炎变异株，用阿莫西林可溶性粉饮水。

六、传染性喉气管炎

传染性喉气管炎是由传染性喉气管炎病毒引起的一种急性呼吸道传染病。该病的特征为呼吸困难、咳嗽、咳出含有血液的渗出物。传染性喉气管炎病毒属疱疹病毒科、疱疹病毒属，病毒粒子呈球形，有囊膜。病毒主要存在于病鸡的气管及其渗出物中。该病传播快，对养鸡业危害较大。

（一）流行特点

该病主要侵害鸡，各种日龄的鸡均易感，但以成年鸡的症状最典型。病鸡和带毒鸡是主要传染源，病毒经上呼吸道及眼结膜传播。易感鸡群与接种了疫苗的鸡长时间接触也可感染。呼吸排出的分泌物污染垫料、饲料、饮水、用具等，这些都可成为传播媒介。该病一年四季都会发病，冬、春季多发，鸡群拥挤、缺乏维生素A、通风不良等都可促使该病的发生。同群鸡传播速度快，群间传播慢，常呈地方流行性，感染率高，死亡率极低。

（二）临床症状

1. 喉气管型

该型由高致病性毒株引起。病鸡呼吸困难，抬头伸颈，发出明亮喘鸣音，咳嗽或摇头时咳出血痰，血痰常附着于墙壁、水槽、料槽、鸡笼上，血性分泌物常从鼻或嘴角流出。喉头周围有泡沫状液体，喉头出血。喉头有时被血液或纤维蛋白凝块堵塞，造成窒息死亡。

2. 结膜型

该型由低致病性毒株引起。病鸡表现为眼结膜炎，眼结膜红肿，1~2天后流眼泪及鼻液，眼分泌物从浆液性逐渐发展到脓性，最终导致失明。产蛋率下降，畸形蛋增多，大卵泡变性、破裂。

（三）防治措施

（1）坚持隔离、消毒等防疫措施是防止该病流行的有效方法。

（2）免疫预防，一般4~5周龄首次免疫，12~14周龄再次免疫。用弱毒疫苗点眼，但可能会引起轻度结膜炎；强毒疫苗免疫只可用于擦肛，不能将疫苗接种到眼、鼻、口等部位。

（3）对发病鸡群对症治疗，该病如继发细菌感染，死亡率会升高。对表现眼结膜炎的鸡用红霉素眼药水点眼，强力霉素0.01%饮水或拌料；用平喘药物缓解症状，如每只鸡按每天10毫克盐酸麻黄素、50毫克氨茶碱的比例拌料；用0.2%氯化铵饮水，连用2~3天；还可用中药治疗。

七、鸡病毒性关节炎

鸡病毒性关节炎是由呼肠孤病毒引起的以胫跗关节肿胀、瘫痪为主要症状的传染病。呼肠孤病毒属呼肠孤病毒科、呼肠孤病毒属，为双链RNA病毒。

（一）流行特点

该病多发于鸡和火鸡，1日龄雏鸡的易感性最强，随日龄增加，鸡对该病的抵抗力增强，潜伏期也较长。病鸡和带毒鸡是主要传染源，病鸡由粪便排出大量病毒，通过鸡之间直接接触传播。该病主要经过呼吸道、消化道传播，也可垂直传播，但以水平传播为主。该病一年四季均可发生，冬季较为多发，呈散发性或地方流行性，自然感染发病多见于4~7周龄的鸡。

（二）临床症状

多数鸡呈隐性经过，急性感染时病鸡表现跛行，足胫腱鞘肿胀，跗关节肿胀，关节腔内有渗出物，肌腱断裂，伴随皮下出血。病鸡发育不良，部分鸡生长停滞，有的呈败血型，全身发绀、脱水、精神萎靡、营养不良，鸡冠齿状端软并呈黑紫色，最后死亡。产蛋率下降，受精率下降。

（三）防治措施

（1）用广谱抗生素拌料或饮水，也可用多糖类药物饮水增强机体抵抗力。

（2）免疫接种。肉用雏鸡在5~7日龄时接种弱毒疫苗；肉用种鸡于5~7日龄时接种弱毒疫苗，8~10周龄时接种中等毒力疫苗，130~160日龄时肌内注射1次油乳剂灭活疫苗。

（3）发病后，进行对症治疗。

八、减蛋综合征

减蛋综合征是由禽腺病毒Ⅲ群引起的以产蛋量下降、蛋壳异常、蛋体畸形、蛋质低劣为特征的病毒性传染病。病毒含红细胞凝集素，对外界环境抵抗力中等。

（一）流行特点

不同品种、不同日龄的鸡均可感染该病，幼龄鸡感染后直至开产后才可被检测出抗体阳性，病毒在泄殖腔内增殖和排泄。该病的流行特点为病毒的毒力在性成熟前的鸡体内不表现出来，产蛋初期的应激反应致使病毒活化令产蛋鸡患病。6~8月龄的母鸡处于发病高峰期。该病可经过垂直传播和水平传播，被感染鸡可通过蛋和种公鸡的精液传播。

(二) 临床症状

部分病鸡出现精神差、厌食、羽毛蓬松、贫血、下痢、腹泻等症状。产蛋量骤减，产出无壳蛋、软壳蛋、沙壳蛋、畸形蛋、小蛋等，蛋清稀薄，蛋黄色浅。

(三) 防治措施

1. 加强饲养管理

防止从疫区引种；严格执行卫生措施，避免该病的水平传播；有必要时可投喂抗生素，防止继发感染。

2. 免疫接种

对18周龄的后备母鸡，肌内或皮下接种0.5毫升减蛋综合征灭活疫苗，15天后产生免疫力，抗体维持12~16周，40~50周后抗体消失。

3. 临床用药

本病尚无有效的治疗方法。

第二节　细菌性疾病

一、大肠杆菌病

鸡的大肠杆菌病由某些致病性大肠杆菌引起，其特征是引起心包炎、肝周炎、气囊炎、腹膜炎、输卵管炎、滑膜炎、大肠杆菌性肉芽肿、败血症等病变。大肠杆菌为鸡肠道中的常在菌，是革兰氏阴性菌，抗原构造复杂。大肠杆菌有鞭毛，可运动，对营养要求不严格，在普通培养基上能良好生长，在伊红亚甲蓝琼脂培养基上生成有紫黑色金属光泽菌落,在麦康凯琼脂培养基上形成粉红色菌落。大肠杆菌对外界环境具有中等抵抗力,对氟苯尼考、新霉素、金霉素、头孢类药物敏感,但容易产生耐药性。

(一) 流行特点

大肠杆菌病是一种条件性疾病,在卫生环境良好的养鸡场不易发病;但对卫生条件差、通风不良、饲养管理不善的养鸡场,可造成严重损失。肠道中的大肠杆菌随粪便排出体外,污染周围环境、饲料、水源、垫料等,当鸡体抵抗力减弱时就会侵入机体,引起发病。大肠杆菌可经蛋壳或感染的卵巢、输卵管而侵入蛋内,带菌孵出的雏鸡隐性感染,在某些应激或损伤作用下表现为显性感染。消化道、呼吸道是大肠杆菌水平传播的主要途径。该病一年四季均可发生,以冬、夏季为主,肉用雏鸡最易感染,蛋鸡具有一定抵抗力。此外,该病常继发或并发慢性呼吸道病、禽流感等疾病,若继发或并发感染,死亡率升高。

(二) 临床症状

病鸡精神沉郁,食欲下降,羽毛粗乱,消瘦;呼吸困难,黏膜发绀。腹泻下痢,排黄绿色稀薄粪便;出现关节炎,跗关节炎,跖关节肿大,关节附近有大小不一的水疱、脓包;眼球炎,患眼眼睑肿大;脑炎,出现神经症状;皮炎,皮肤上有出血、黄色结痂。

(三) 防治措施

1. 加强饲养管理

添加微生态制剂,抑制大肠杆菌及其他细菌生长。

2. 免疫预防

注射大肠杆菌油乳剂灭活疫苗。

3. 临床用药

应选择敏感药物在发病日龄前1~2天进行预防性投药,发

第七章 鸡常见疾病的防治

病后做紧急治疗。

氨苄西林，按0.2克/千克饮水或按5~10毫克/千克拌料内服；或阿莫西林，按0.2克/千克饮水；或头孢哌酮钠1克/10千克水，饮水，连用3天，首次为1克/7千克水；或庆大霉素，2万~4万国际单位/千克饮水；或卡那霉素，2万国际单位/千克饮水或1万~2万国际单位/千克体重肌内注射，每日1次，连用3天；或硫酸新霉素，按0.05%饮水或0.02%拌饲；或链霉素，按30~120毫克/千克饮水或13~55克/吨拌饲，连用3~5天；或土霉素，按0.1%~0.6%拌饲或0.04%饮水，连用3~5天；或多西环素，0.05%~0.20%拌饲，连用3~5天；或磺胺嘧啶，按0.2%拌饲或0.1%~0.2%饮水，连用3天；或磺胺喹恶啉，按0.05%~0.10%拌饲或0.025%~0.050%饮水，连用2~3天，停2天，再用3天；或氟苯尼考，按5~8克/100千克饮水3~5天；或丁胺卡那霉素，按8~10克/100千克饮水3~5天等。

二、禽霍乱

禽霍乱又称禽出血性败血病，由多杀性巴氏杆菌引起，鸡、鸭、鹅、火鸡都可发生。多杀性巴氏杆菌为革兰氏阴性菌，无鞭毛，不运动，无芽孢，对外界环境抵抗力不强，在干燥空气中2~3天可死亡。该菌容易自溶，在无菌蒸馏水和生理盐水中迅速死亡。

（一）流行特点

鸡、鸭、鹅、火鸡都对禽霍乱有易感性，该病可引起野鸟大批死亡，常呈散发或地方流行性。病鸡、带菌鸡是主要传染源。该病可经呼吸道、消化道传染，被病鸡排泄物污染的水、饲料、土壤等经消化道感染健康鸡；病鸡咳嗽、鼻腔内分泌物排出病菌，污染空气，通过飞沫经呼吸道传播。该病一年四季均可发生，以夏、秋季多发，有的地区春、秋季发病较多。

（二）临床症状

1. 最急性型

该型发病急、死亡快，缺乏典型临床症状。

2. 急性型

病鸡精神沉郁，闭目缩颈，羽毛蓬松，怕冷扎堆，不愿走动，离群呆立，体温升高，少食或不食，饮水增加，呼吸困难，鸡冠和肉髯发绀、肿胀，口鼻分泌物增加，腹泻，排白色、黄色、绿色粪便。产蛋鸡停产，最后发生衰竭、昏迷而死亡。

3. 慢性型

由急性型病例耐过转成慢性型。病鸡精神、食欲时好时坏，发生局部感染，翅或关节肿胀，脚趾麻痹，出现跛行、腹泻等，鼻孔常有黏液性分泌物流出，鼻窦肿大，喉头积有分泌物而影响呼吸。

（三）防治措施

1. 疫苗接种

使用禽霍乱蜂胶灭活疫苗免疫接种，40~50日龄进行首次免疫，110~120日龄进行第2次免疫。

2. 药物治疗

及时采取封闭、隔离和消毒措施，加强对鸡舍和鸡群的消毒；有条件的地方应通过药敏试验选择有效药物全群给药。磺胺类药物、氟苯尼考、红霉素、庆大霉素、环丙沙星、恩诺沙星、喹乙醇均有较好的疗效。土霉素或磺胺二甲嘧啶按0.5%~1%的比例配入饲料中连用3~4天，停药2天，再服用3~4天；或喹乙醇按0.2~0.3克/千克拌料，连用1周，或每千克体重30毫克，每天1次饲喂，连用3~4天。对病鸡按每千克体重青霉素水剂1万单位肌内注射，每天2~3次。症状明显的病鸡采用大剂量的抗生素进行肌内注射1~2次，这对降低死亡率有显著的作用。在治疗过程中，药的剂量要足，疗程合理，当鸡只死亡明显减少后，再继续投药2~3天以巩固疗效。

三、传染性鼻炎

传染性鼻炎是由副鸡嗜血杆菌引起的以鼻黏膜发炎、流鼻涕、眼睑水肿和打喷嚏为主要特征的急性或亚急性传染病。该病多发于育成鸡和产蛋鸡，育成鸡生长停滞，产蛋鸡产蛋量下降，经济损失巨大。副鸡嗜血杆菌为革兰氏阴性菌，对外界环境抵抗力弱，对热、阳光、干燥、消毒剂十分敏感。

（一）流行特点

该病可发生于各年龄阶段的鸡，但4周龄~12月龄的鸡最易感，笼养鸡表现为在鸡舍角落的鸡最先发病；发病无明显季节性，但以5—7月、11月至翌年1月多发，此时发病与饲养管理放松、鸡群抵抗力下降等有关；病鸡和带菌鸡是主要传染源，它们排出的病原体通过饮水、饲料、空气、土壤等传播。

（二）临床症状

病鸡体温升高，饮食下降，特征性症状为病鸡流浆液性、黏液性的鼻液，脸部浮肿型肿胀，结膜炎，流泪。病初，流稀薄水样鼻液和眼泪，并伴随脸部肿胀；症状出现约3天后，鼻液变黏稠，常在鼻孔处结痂而堵塞鼻孔，或腭裂有黄色干酪样渗出物，病鸡气管内有分泌物，呼吸时发出"呼噜"音。病鸡腹泻，排绿色粪便，公鸡肉髯肿大，育成鸡下颊或咽部浮肿，母鸡产蛋量减少或停产。

（三）防治措施

1. 加强饲养管理

消除发病诱因，降低饲养密度，及时通风，多喂富含维生素的饲料,以提高鸡体自身免疫力。杜绝引入病鸡和带菌鸡。

2. 免疫预防

使用传染性鼻炎二价或三价油乳剂灭活疫苗,于20~30日龄首免,110~120日龄进行第2次免疫,必要时过3~4个月再进行1次接种。

3. 药物治疗

可用抗生素类药物、磺胺类药物、合成抗菌药进行治疗。磺胺间二甲氧嘧啶,以0.05%的比例溶于加入碳酸氢钠的饮水中,连用4~5天;0.01%的多西环素或环丙沙星饮水,连用4~5天。

四、慢性呼吸道病

慢性呼吸道病又称鸡败血霉形体病、鸡毒支原体感染、鸡败血支原体感染等,是一种由支原体引发的接触性、慢性呼吸道疾病,该病特征为上呼吸道及其邻近窦黏膜的炎症。表现为咳嗽、气喘、流鼻涕、呼吸道杂音,病程发展较为缓慢。

(一)流行特点

鸡和火鸡最易感,尤其是4~8周龄的雏鸡和火鸡易感。该病一年四季均可发生,但寒冷冬季发病更为严重。病鸡和带菌鸡为主要传染源,病原体可通过尘埃、飞沫经呼吸道传播,也可垂直传播。

(二)临床症状

病鸡饮食减少,精神不振,生长停滞;鼻孔中流出浆液性或黏液性鼻液,甩鼻;咳嗽,气喘,呼吸道内有啰音,继发鼻炎、眶下窦炎和结膜炎,引起面部肿胀、流泪、眼睑红肿,眼球凸出,造成一侧或两侧眼球受压迫,萎缩失明。

(三)防治措施

1. 加强饲养管理

定期消毒,坚持"全进全出"制,消灭传染源,切断传播途径。

2. 临床用药

发病后使用链霉毒、土霉素、泰乐菌素、奇霉素、林可霉素、四环素、红霉素治疗本病都有一定的疗效。

红霉素（或链霉素），肌内注射，成年鸡20万国际单位/只，5~6周龄雏鸡5万~8万国际单位/只，早期治疗效果很好，2~3天即可痊愈。土霉素（或四环素），肌内注射10万国际单位/千克体重；大群治疗时，可在饲料中添加土霉素，每千克饲料添加2~4克，充分混合，连喂1周。支原净饮水，120~150毫克/千克水。注意有些鸡支原体菌株对链霉素和红霉素具有抗药性。

草药治疗：麻黄、杏仁、石膏、桔梗、黄芩、连翘、金荞麦根、牛蒡子、穿心莲、甘草，共研细末，混匀拌料，每只每天0.5~1.0克，连续使用5~6天，效果良好。

此外，本病的药物治疗效果与有无并发感染的关系很大，病鸡如果同时并发其他病毒病，如传染性喉气管炎，疗效不明显。

五、鸡白痢

鸡白痢是由鸡白痢沙门氏菌引起的一种传染病，其主要特征是患病雏鸡排白色糊状粪便。

（一）流行特点

多种禽类，如鸡、火鸡、鸭、雏鹅、珍珠鸡、雉鸡、鹌鹑、麻雀、欧洲莺、鸽等都可感染发病，但流行主要限于鸡和火鸡，尤其鸡对该病最易感。病鸡的排泄物、分泌物及带菌种蛋均是该病主要的传染源。该病主要经蛋垂直传播，也可通过被粪便污染的饲料、饮水和孵化设备水平传播，野鸟、啮齿类动物和蝇可作为传播媒介。发病无明显的季节性。

（二）临床症状

经蛋感染严重的雏鸡往往在出壳后 1~2 天内死亡，部分外表健康的雏鸡 7~10 日龄时发病，7~15 日龄为发病和死亡的高峰，16~20 日龄时发病逐日下降，20 日龄后发病迅速减少。其发病率因品种和性别而稍有差别，一般在 5%~40%，但在新传入该病的鸡场，其发病率显著增高，有时甚至达 100%，病死率也较老疫区的鸡群高。病鸡的临床症状因发病日龄不同而有较大的差异。

1. 雏鸡

3 周龄以下的雏鸡临床症状较为典型，怕冷、扎堆、尖叫，两翅下垂，反应迟钝，不食或少食，拉白色糊状或带绿色的稀粪，沾染肛门周围的绒毛，粪便干后结成石灰样硬块，常常堵塞肛门，出现"糊肛"现象，影响排粪。肺型鸡白痢病例出现张口呼吸现象，最后因呼吸困难、心力衰竭而死亡。某些病雏出现失明或关节肿胀、跛行症状。病程一般 4~7 天，短者 1 天，20 日龄以上的鸡病程较长，病鸡极少死亡。耐过鸡生长发育不良，成为慢性患者或带菌者。

2. 育成鸡

育成鸡的发病受应激因素（如饲养密度过大、气候突变、卫生条件差等）的影响较大，多发生于 40~80 日龄。一般突然发生，呈现零星突然死亡，从整体上看鸡群没有什么异常，但鸡群中总有几只鸡精神沉郁、食欲差和腹泻。病程较长，一般 15~30 天，死亡率达 5%~20%。

3. 成年鸡

一般呈慢性经过，无任何症状或仅出现轻微症状。鸡冠和眼结膜苍白，饮欲增加，感染母鸡的产蛋量、受精率和孵化率下降。极少数病鸡表现精神委顿，排出稀粪，产蛋停止。有的感染鸡因卵黄囊炎引起腹膜炎、腹膜增生而出现"垂腹"现象。

(三) 防治措施

1. 净化种鸡群

有计划地培育无鸡白痢病例的种鸡群是控制该病的关键，对种鸡（包括公鸡）逐只进行鸡白痢血凝试验，一旦发现阳性立即淘汰或转为商品鸡，以后种鸡每月进行1次鸡白痢血凝试验，连续3次，公鸡要求在12月龄后再进行1~2次检查，阳性者一律淘汰或转为商品鸡，从而建立无鸡白痢病例的健康种鸡群。购买雏鸡时，应尽可能地避免从有鸡白痢病例的种鸡场引进雏鸡。

2. 免疫接种

一种是雏鸡用的菌苗为9R，另一种是育成鸡和成年鸡用的菌苗为9S，这两种弱毒菌苗对该病都有一定的预防效果，但国内使用不多。

3. 做好鸡场生物安全防范措施

要注意切断传染源，防止鸡被鸡白痢沙门氏菌感染。因此，要求对鸡舍和用具经常消毒，产蛋箱内应清洁无粪便，及时收蛋并送至种蛋库保存和消毒。孵化器（尤其是出雏器）内的死胚、破碎的蛋壳及绒毛等应仔细收集后消毒。重视雏鸡的饮水卫生，大、小鸡不能混养。防止鼠、飞鸟进入鸡舍，禁止无关人员随便出入鸡舍。发现死鸡，尽快请当地有执业兽医资格的兽医专业人士诊断；不要随手乱扔死鸡，要进行无害化处理，焚烧或丢入化粪池。

4. 利用微生态制剂预防

用蜡样芽孢杆菌、乳酸杆菌或粪肠球菌等制剂混在饲料中喂鸡，这些细菌在肠道中生长后，有利于厌氧菌的生长，从而抑制了沙门氏菌等需氧菌的生长。

5. 药物预防

(1) 氨苄西林钠。注射用氨苄西林钠按每千克体重10~20

毫克1次肌内注射或静脉注射，每天2~3次，连用2~3天。氨苄西林钠胶囊按每千克体重20~40毫克1次内服，每天2~3次。10%氨苄西林钠可溶性粉按每升饮水600毫克混饮。

（2）硫酸链霉素。注射用硫酸链霉素按每千克体重20~30毫克1次肌内注射，每天2~3次，连用2~3天。硫酸链霉素按每千克体重50毫克内服，或按每升饮水30~120毫克混饮。

（3）硫酸卡那霉素。25%硫酸卡那霉素注射液按每千克体重10~30毫克1次肌内注射，每天2次，连用2~3天，或按每升饮水30~120毫克混饮2~3天。

六、禽伤寒

禽伤寒是由伤寒沙门氏菌引起的鸡、鸭及火鸡的一种败血性传染病。

（一）流行特点

鸡和火鸡对该病最易感，雉鸡、珍珠鸡、鹌鹑、孔雀、松鸡、麻雀、斑鸠也有自然感染该病的报道，鸽、鸭、鹅则对该病有抵抗力。该病主要发生于成年鸡（尤其是产蛋期的母鸡）和3周龄以上的育成鸡，3周龄以下的鸡偶尔发病。病鸡和带菌鸡是主要的传染源。该病经蛋垂直传播，也可通过被粪便污染的饲料、饮水、土壤、用具、车辆和环境等水平传播。病菌入侵途径主要是消化道，其他还包括眼结膜等。该病发病无明显的季节性。

（二）临床症状

该病的潜伏期一般为4~5天，病程约为5天。雏鸡发病时的临床症状与鸡白痢较为相似，但与鸡白痢不同的是，禽伤寒病雏除急性死亡一部分外，还经常零星死亡，一直延续到成年期。育成鸡或成年鸡发病后常表现为突然停食，精神委顿，两翅下垂,鸡冠和肉髯苍白,体温升高 1~3 ℃,由于肠炎和肠道中胆汁增多,病鸡排出黄绿色稀粪。死亡多发生在感染后 5~10 天,死亡率较低。一般呈散发或地方流行性,致死率为 5%~15%。康复鸡往往成为带菌者。

(三) 防治措施

1. 预防措施

加强种蛋和孵化、育雏用具的清洁和消毒。每次孵化前,孵化室及所有用具要用甲醛消毒,对引进的鸡要注意隔离及检疫;平时加强饲养管理,鸡舍及一切用具要做好清洁消毒,料槽和饮水器每天清洗 1 次,并防止被鸡粪污染。

2. 药物治疗

根据药敏试验,选用最佳药物。一般情况下,磺胺类药物(如复方敌菌净、磺胺多辛等)有良好疗效,土霉素有中等疗效。

七、禽副伤寒

禽副伤寒是由沙门氏菌引起的家禽、家畜和人的一种共患病,常呈地方性流行。各种家禽都能感染,主要发生于幼禽。该病广泛存在于各类鸡场,给养鸡业造成严重的经济损失。

(一) 流行特点

鸡和火鸡易感,尤其是 2~3 周龄内的雏鸡发病率、死亡率高。病鸡、带菌鸡及其他带菌动物是主要传染源。通过粪便排出的病原体污染饲料、饮水,经消化道水平传播;也可通过污染的种蛋(蛋壳污染和蛋内感染)传播;野鸟、猫、鼠、蝇、蟑螂、人类也都可成为本病的机械性传播者。

鸡舍闷热、潮湿、拥挤、卫生条件差或微量元素缺乏等易诱发本病。鸡群感染传染性法氏囊病、球虫病、马立克氏病、淋巴白血病等也会增强鸡对该病的易感性。

(二) 临床症状

雏鸡多呈急性或亚急性经过,而成年鸡一般呈隐性感染或慢性经过。

胚胎感染者在孵化器内就出现死亡,有很大一部分啄开或未啄开的蛋中含有死胚。有的出壳后最初几天发生死亡。出壳后感染的雏鸡表现嗜睡、呆立、羽毛松乱、怕冷扎堆、食欲减少、水样下痢,少数病鸡还会出现结膜炎,病程1~4天。

(三) 防治措施

药物治疗可以减少该病的发病和死亡,但应注意治愈鸡仍可长期带菌,应重视禽副伤寒在人类公共卫生上的意义,并给予预防。

1. 综合防治措施

做好饲养管理、卫生消毒、检疫和隔离工作,感染过沙门氏菌的种鸡群不能作种用。种鸡群和种蛋应来自无禽副伤寒病例的鸡群;种鸡要使用洁净的产蛋箱,种蛋的收集频率要高,收集后要熏蒸消毒;孵化室、孵化器、出雏器等要严格消毒,鸡舍内的垫料要清洁卫生,必要时进行消毒;料槽和水槽要经常清洗,位置要适宜,以防被粪便污染;注意饲料的卫生,最好使用颗粒饲料。

2. 治疗

药物治疗可以降低发病鸡群的死亡率,有助于控制本病,但不能完全消灭本病。急性病例要迅速隔离、治疗。环丙沙星、氨苄西林、多西环素、氟苯尼考、庆大霉素、阿米卡星、链霉素等对本病具有很好的治疗效果,药物选择前应通过药敏试验。病死鸡应立即焚烧、深埋,防止疫情扩散。由于治愈后的鸡只往往成为带菌者,所以不能留作种用。

第三节　寄生虫疾病

一、球虫病

球虫病是由一种或几种球虫寄生在鸡的肠黏膜上皮细胞内并繁殖，引起肠道损伤、出血的一种急性、流行性原虫病。该病分布十分广泛，危害十分严重。

（一）流行特点

（1）不同品种、不同日龄的鸡都能感染，3月龄以下的鸡尤其容易感染，15~30日龄的鸡最易感且死亡率较高。成年鸡对球虫有一定的免疫力，再次感染时不表现临床症状，成为带虫者和传染源。球虫卵囊对外界抵抗力较强，一般消毒剂不能杀死，但寒冷、日光照射和持续干燥的环境可抑制或杀灭球虫卵囊，26~32℃的潮湿环境有利于球虫卵囊的发育。

（2）球虫病一年四季内均可发生，夏季、多雨季节多发，4—9月流行，7—8月最严重。

（3）感染性虫卵可通过鸡啄食被污染的土壤、饲料或饮水进入体内，经消化道感染。此外，其他禽类、家畜、某些昆虫和饲养管理人员都可能成为球虫病的传播者。

（4）球虫病的发生与饲养管理有很大关系，饲养管理不良、卫生状况不佳、粪便未及时处理等都可能引起该病的发生。此外，某些细菌、病毒、寄生虫的感染或饲料中缺乏维生素都可导致该病的发生、发展。

（二）临床症状

病鸡精神委顿，羽毛逆立，采食减少。小肠感染球虫的病鸡排橘红色、西红柿样、鱼肠子样粪便。鸡感染柔嫩艾美耳球虫时，排出几乎为鲜血的稀薄粪便。

(三) 防治措施

1. 加强饲养管理

(1) 加强消毒工作。采取针对球虫病的消毒措施，每天打扫鸡舍，及时通风，及时更换垫料，保持鸡舍清洁干燥；对鸡舍内所有用具用2%~3%热碱水洗刷消毒，对周围环境、墙壁、地面等用含氯石灰混悬液进行彻底消毒。

(2) 科学养殖，科学处理粪便。最好采取网上平养的饲养方式，并及时清理粪便，使鸡群几乎没有机会接触粪便，从而大大降低该病的发生。

2. 免疫预防

目前研制的球虫疫苗有强毒疫苗、弱毒疫苗和球虫基因工程疫苗。

3. 药物治疗

迄今为止，国内外对球虫病的防治主要是依靠药物。使用的药物有化学合成药物和抗生素两大类，从1936年首次出现专用抗球虫药以来，已报道的抗球虫药达40余种，现今广泛使用的有20种。我国养鸡生产上使用的抗球虫药品种，包括进口的和国产的，有10多种。预防用药的有地克珠利，按1毫克/千克浓度混饲连用；托曲珠利按25~30毫克/千克浓度饮水，连用2天。

二、蛔虫病

蛔虫病是由鸡蛔虫寄生于鸡小肠内，影响雏鸡生长发育，造成鸡只大批死亡的线虫寄生虫病。

(一) 流行特点

鸡蛔虫是鸡体内最大的一种线虫，呈浅黄白色，头端有3个唇片，雄虫长26～70毫米，尾端向腹面弯曲，有尾翼和乳突。雌虫长65～110毫米，阴门开口于虫体中部，尾端钝直。虫卵对外界环境和消毒剂抵抗力很强。

该病一年四季均可发生，鸡主要因吞食受污染的土壤、饲料、饮水、垫料而感染，3～4月龄的雏鸡最易感，1年以上的鸡多为带虫者。

（二）临床症状

受感染的雏鸡生长缓慢，羽毛杂乱，下痢，贫血，黏膜和鸡冠苍白无血色，精神沉郁，食欲减退，消瘦体弱，严重者可造成肠堵塞而死亡；成年鸡一般不表现症状，但严重时表现为贫血，产蛋量下降，下痢等。

（三）防治措施

（1）及时清理鸡粪便，堆积发酵，消灭虫卵，彻底消毒，制订合理的定期预防性驱虫方案，一年驱虫2～3次最佳。

（2）发现病鸡应及时用药治疗。阿苯达唑（丙硫多菌灵），按每千克体重10～15毫克，1次内服；左旋咪唑，按每千克体重20～30毫克，1次内服；噻苯唑，按每千克体重500毫克，配成20%悬液内服；枸橼酸哌嗪，按每千克体重250毫克，1次内服。这些药物均有较好的治疗效果。

（3）德信驱虫灵：鹤虱30克、使君子30克、槟榔30克、芜荑30克、雷丸30克、绵马贯众60克、干姜15克、乌梅30克、诃子30克、大黄30克、百部30克、木香15克、榧子30克。预防用量为本品1 000克拌料300千克。治疗用量为本品1 000克拌料150千克或水煎过滤液兑水饮用，用药渣拌料，连用3～5天。

三、绦虫病

绦虫病由戴文科赖利属与戴文属、膜壳科剑带属的多种绦虫寄生于鸡小肠而引起的一种寄生虫病，严重时导致鸡贫血、消瘦、下痢、产蛋减少甚至停产。

(一) 流行特点

绦虫雌雄同体，呈乳白色的扁平带状，分节，前部节片细小，后部节片较宽。绦虫种类很多，常见的有节片戴文绦虫、有轮赖利绦虫、四角赖利绦虫、棘沟赖利绦虫等，体长在 0.5 ~ 34.0 厘米不等。绦虫的生活史比较复杂，常需要 1 个或 2 个中间宿主（如蚂蚁、甲壳虫、家蝇及一些软体动物）参与。成虫寄生在鸡的消化道内，经 2~3 周成熟，并随粪便排出孕卵节片，孕卵节片被中间宿主吞食后，卵在中间宿主的肠道孵化出六钩蚴，随后发育成囊尾蚴；鸡吞食含有囊尾蚴的中间宿主后，经 2~3 周，由囊尾蚴发育为成熟的绦虫。

该病每年 4—9 月多发。各个年龄的鸡均可发病，雏鸡易感，25~40 日龄的雏鸡发病率和死亡率最高。

(二) 临床症状

大量虫体感染会导致病鸡贫血，消化不良，消瘦，下痢，排稀便，有时粪便混有血样黏液。发病严重时，病鸡不能站立甚至虚脱，最后衰弱死亡。产蛋鸡产蛋减少或停产。

(三) 防治措施

1. 加强饲养管理

科学处理粪便，注意观察感染情况，及时用药，尽早治疗。

2. 临床用药

(1) 阿苯达唑（丙硫多菌灵）：按每千克体重 15~25 毫克，1 次内服。

(2) 氯硝柳胺：按每千克体重 50~100 毫克，1 次内服。

(3) 吡喹酮：按每千克体重 10~20 毫克，1 次内服，对绦虫成虫及未成熟虫体有效。

四、组织滴虫病

组织滴虫病是由组织滴虫引起的以侵害肝脏、盲肠为特征的寄生虫病,又称盲肠肝炎,特征性病变为肝脏坏死和盲肠溃疡。

(一)流行特点

组织滴虫属鞭毛虫纲单鞭毛科,为大小不一的多形性虫体,近似圆形或变形虫样,伪足钝圆,只有滋养体,没有囊膜阶段,常有一根鞭毛做钟摆样运动,核呈泡囊状。

该病主要危害鸡和火鸡。组织滴虫病的发生具有季节性,多发于春、夏季。该病主要通过鸡啄食被病鸡粪便污染的饲料、饮水、垫料等,经消化道感染。

(二)临床症状

病鸡表现为精神萎靡,翅膀下垂,食欲不振,消瘦,鸡冠、嘴角、喙、皮肤发黄,肝脏的代谢机能降低,排出土黄色至深黄色稀便,有时带有血便。

(三)防治措施

(1) 加强饲养管理和鸡舍内外消毒工作,将雏鸡和成年鸡分群饲养,定期驱虫。

(2) 可用二甲硝咪唑预防,按雏鸡0.075%的比例拌料,治疗按0.05%的比例拌料,连用1~2周。

(3) 可在饲料中同时添加左旋咪唑或阿苯达唑(丙硫多菌灵)杀灭组织滴虫,每千克体重25毫克。

(4) 甲硝唑(甲硝咪唑),按每升水500毫克混饮7天,停药3天,再用7天。

(5) 地美硝唑(二甲硝唑、二甲硝咪唑、达美素),20%地美硝唑预混剂,治疗时按每千克饲料500毫克本品混饲;预防时按每千克饲料100~200毫克本品混饲。蛋鸡产蛋期禁用,休药期为28天。

（6）中药治疗，青蒿、苦参、常山各500克，柴胡75克，何首乌80克，白术、茯神各600克，加水5千克煎汁，可供1 000只50日龄左右的病鸡饮用，或者供给1 500只7~20日龄的病鸡饮用。集中饮水，每天2~3次，直到病鸡康复为止。

第四节　营养代谢病

一、维生素缺乏病

维生素是维持动物机体正常生命活动所必需的一类微量元素，主要生理功能是参与各种酶的辅酶和辅基的组成、催化、控制和调节蛋白质、脂肪、碳水化合物及核酸的代谢过程。日粮中若长期缺乏某些维生素，就会引起机体代谢紊乱，呈特有的临床症状。

（一）维生素B_1缺乏症

1. 临床症状

小公鸡发育缓慢；母鸡产蛋和孵化率降低，卵巢萎缩；成年鸡经常呈现蓝色鸡冠。病鸡肌肉逐渐出现明显的麻痹，从脚趾的屈肌开始，随后发展到腿、翅膀和颈部的伸肌也受到损害。由于病鸡颈前部肌肉麻痹，头部向后仰呈"观星"姿势。鸡很快因失去站立和直坐的能力而倒在地上，同时头仍蜷缩着，最后因瘫痪、衰竭而死。

2. 防治措施

合理搭配饲料，病情严重时用药治疗，先口服维生素B_1，然后在饲料中添加维生素B_1。

（二）维生素 B_2 缺乏症

1. 临床症状

雏鸡表现生长极为缓慢，逐渐衰弱与消瘦，羽毛粗乱，食欲尚好，严重时出现腹泻。维生素 B_2 缺乏症的特征性症状是雏鸡不愿行走，脚趾均向内弯曲、呈拳状，中趾特别明显，足跟关节肿胀，脚瘫痪，以踝部行走。成年鸡缺乏维生素 B_2 时，产蛋率和孵化率均显著下降，胚胎死亡率增加。孵出的雏鸡瘫痪，由于羽毛生长障碍，导致羽毛短粗，羽毛黏结在一起呈棒状。

2. 防治措施

选择含鱼粉和酵母的配合饲料，同时在日粮中添加核黄素。病情严重时，用核黄素治疗，雏鸡每天每只饲喂 2 毫克核黄素；成年鸡每天每只饲喂 5~6 毫克核黄素，连用 1 周。

（三）维生素 A 缺乏症

1. 临床症状

缺乏维生素 A 时，孵化后的雏鸡表现精神委顿，生长受阻，衰弱，羽毛蓬乱，不能站立。该病的特征性症状是病鸡眼中流出一种牛奶样渗出物，严重时眼内有干酪样物沉积，眼球凹陷，角膜浑浊呈云雾状、变软，严重者失明，最后因采食困难而衰竭死亡。种母鸡缺乏维生素 A 时，卵巢退化，产蛋率降低，孵化率降低，弱雏比例增大。

2. 防治措施

（1）在日粮中搭配动物性饲料。同时，给鸡投喂青绿饲料，特别是青草粉、青绿叶子。

（2）在饲料中加入维生素 A，并且要现配现用，以防受氧化而破坏。

（3）对于发病鸡群，可给予 2~4 倍正常量的维生素 A。症状较重的鸡可口服鱼肝油。

二、矿物质缺乏病

矿物质是一类无机营养物,大多数以无机盐的形式存在于机体中,具有重要的调节作用。如果矿物质供应不足,会导致鸡体质衰弱、生长受阻、生产能力下降。

(一) 钙缺乏症

1. 临床症状

鸡缺钙的基本症状是骨骼发生病变。雏鸡发生佝偻病,成年鸡发生软骨病,病鸡表现为行走无力,站立困难或瘫于笼内,肌肉松弛,腿麻痹,翅膀下垂,胸骨凹陷、弯曲,不能正常活动,骨质疏松、变薄、脆弱。

2. 防治措施

(1) 根据鸡的不同阶段的营养标准进行日粮的配合,保证日粮中钙的含量和适当的钙磷比例,添加适量维生素D,并保持鸡的适当运动,严把饲料的质量及加工、配合关。

(2) 当鸡发生钙缺乏症时,要及时调整饲料配方,同时给予钙糖片进行治疗,成年鸡每天每只1片,雏鸡每天每只0.25~0.50片。同时,要提高饲料中维生素D的添加剂量,为正常添加剂量的2倍,经3~5天就可获得良好的治疗效果。

(二) 锰缺乏症

1. 临床症状

锰缺乏症以雏鸡多发,常见于2~10周龄的鸡,病雏表现为生长受阻,腿垂直外翻,关节肿大,不能站立和行走。种鸡所产蛋的蛋壳硬度降低,孵化率下降,孵化的雏鸡运动失调,特别是在受到刺激时,头向前伸、向身体下弯曲或缩向背后。

2. 防治措施

(1) 鸡对锰的需求量较大,需要在鸡饲料中按照不同饲养阶段添加不同量的锰。

(2) 在当鸡发生锰缺乏症时，可提高饲料中锰的加入剂量至正常加入量的 2~4 倍。也可用 1:3 000 锰酸钾溶液作为饮用水，以满足鸡体对锰的需求量。

三、脂肪肝综合征

脂肪肝综合征又称脂肪肝出血综合征，是一种脂类代谢性障碍疾病，病鸡肝脏积聚大量脂肪，出现脂肪变性。该病主要发生于笼养的蛋鸡。

(一) 临床症状

发病鸡无明显症状，主要表现为肥胖。蛋鸡和种鸡生产性能下降；停产笼养鸡比平养鸡多发；发病仔鸡嗜睡、麻痹、突然死亡、头部苍白，多发生于生长良好的 10~30 日龄鸡。该病初期，鸡群看似正常，但高产鸡死亡率突然增高。

(二) 防治措施

(1) 科学配制日粮，防止摄入过高的能量。

(2) 添加适量的营养，在饲料中适当添加维生素 B_4、肌醇、蛋氨酸、维生素 E、维生素 B_{12} 等物质，防止脂肪在肝脏沉积。

(3) 控制蛋鸡体重，加强饲养管理，提供适宜的生活空间、环境温度，减少应激。

四、痛风

痛风是因尿酸盐大量沉积于鸡的各器官表面或关节腔而形成的一种代谢性疾病。

(一) 临床症状

病鸡食欲较差，精神不振，羽毛蓬松无光泽，贫血，鸡冠苍白，脱毛，爪失水干瘪，排白色石灰渣样粪便，呼吸困难，眼结膜上有白色尿酸盐沉积。关节痛风时，可见运动困难，关节肿大。

（二）防治措施

（1）加强饲养管理，根据鸡不同日龄的营养需要合理配制日粮，控制高蛋白质、高钙饲料的摄入。

（2）饲喂过程中定期监测饲料中的钙、磷和蛋白质含量，检查饲料中霉菌毒素的含量。

（3）适当增加运动，给予充足的饮水和富含维生素A的饲料。

（4）合理使用兽药，合理使用磺胺类及其他药物。

（5）一旦发病，及时找出发病诱因，消除致病因素。饲喂量比平时减少1/5，连续5天，同时补充青绿饲料，让病鸡多饮水，促进尿酸盐的排出。

（6）发病早期，使用0.2%~0.3%碳酸氢钠饮水中和尿酸，连用3~4天；后期使用酸性药物溶解尿酸。

五、啄癖

啄癖是养鸡生产中的多发病之一，常表现为啄肛、啄趾、啄羽、啄背、啄头等。轻者使鸡受伤，重者造成死亡。若不及时采取措施，啄癖会很快蔓延，造成很大的经济损失。

（一）临床症状

病鸡腹部、背部、头部、尾部羽毛脱落，翅膀、皮肤、肛门等处出血，严重者将后半段肠管被啄出吞食。

（二）防治措施

（1）断喙。于7~8日龄时进行断喙，可有效防止啄癖的产生。

（2）加强管理。合理分群，防止因品种、大小、年龄、公

第七章　鸡常见疾病的防治

母、强弱的差距引起啄斗；降低饲养密度，加强鸡舍通风，舍温以 18~25 ℃ 为宜，相对湿度以 50%~60% 为佳。

(3) 控制光照。利用自然光照时，在窗户上挂上红色窗帘或涂布红色油漆，使鸡舍内呈暗红色。

(4) 合理配制饲料。满足不同时期鸡只对营养的需要，设置足够的料槽和水槽。雏鸡饲料中粗蛋白质含量保持在 16%~19%，产蛋期不低于 16%；饲料中矿物质含量应占 2%~3%。

(5) 防治寄生虫。鸡群中有外寄生虫时，对鸡舍、地面、鸡体可用 0.2%溴氰菊酯进行喷洒，对皮肤疥螨可用 20%硫黄软膏涂擦。

(6) 准备充足的产箱。产箱设置在较暗的位置，使母鸡有安静的产蛋环境。

(7) 及时治疗。出现啄癖时，可在饲料中加入 0.1%~0.2% 石膏，连用 5~7 天；或在饲料中多加入 0.2%食盐，饲喂 4~5 天，并挑出有啄癖的鸡。若单纯啄羽可用 1%人工盐饮水，连用 1 周左右；也可用硫酸亚铁和维生素 B_2 治疗，每只鸡每次口服 0.9 克硫酸亚铁和 2.5 毫克维生素 B_2，对体重小于 0.5 千克的鸡应酌情减量，每天 2~3 次，连用 3~4 天。对被啄出的伤口，涂以有特殊气味的药物，如鱼石脂、松节油、碘酊、甲紫，使别的鸡不敢接近，有利于伤口愈合。

第五节　中毒病

一、磺胺类药物中毒

磺胺类药物是一类广谱化学治疗药物，能抑制大多数革兰氏阳性菌和革兰氏阴性菌，对抗球虫也有较好效果，是防治鸡病的常用药。但磺胺类药物安全范围小，中毒量和治疗量很接近，如过量使用或长时间使用，则容易发生中毒现象，特别是肠道易吸收的磺胺类药物更易中毒。

(一) 临床症状

磺胺类药物中毒造成病鸡骨髓造血机能减弱，免疫器官抑制，肝脏、肾脏等功能障碍。急性中毒主要表现为亢奋不安、摇头、厌食、腹泻、惊厥、麻痹等症状。慢性中毒由用药时间过长而引起，表现为羽毛蓬乱、精神沉郁、双翅下垂、严重贫血、头面部及肉髯苍白、饮食减少、饮水增加、腹泻或便秘、增重受阻。产蛋鸡产蛋量下降，软壳蛋、无壳蛋增多，蛋壳粗糙。

(二) 防治措施

(1) 科学用药，严格控制药量和用药时间，一般用药不超过1周，用药拌料时一定要搅拌均匀。

(2) 用药期间给予鸡充足饮水，同时给鸡服用碳酸氢钠，其剂量为磺胺类药物剂量的1~2倍，防止结晶尿和血尿的发生。

(3) 中毒发生时应立即停药，更换饲料，多饮水，并饮用1%~2%碳酸氢钠溶液，提高鸡的耐受能力和解毒能力。车前草水、维生素C溶液和5%葡萄糖溶液对该病均有一定疗效。

二、喹乙醇中毒

喹乙醇是一种高效抗菌剂，而且能促进鸡生长。因其用量小、价格低、使用方便且不易产生耐药性，在养鸡业中被广泛使用。但喹乙醇安全范围较小，易发生中毒现象。

(一) 临床症状

病鸡精神萎靡，食欲减退甚至不食，羽毛松乱，呆立，不喜运动，鸡冠呈紫黑色，饮水增加，粪便稀薄，最后衰竭死亡。

(二) 防治措施

掌握喹乙醇安全用量，喹乙醇在饲料中的添加量为

0.003 5%~0.005 0%。拌料时一定要混合均匀且避免重复添加。发生中毒后，立即停止饲喂混有喹乙醇的饲料，对鸡采取对症治疗措施，口服补液盐或5%葡萄糖，同时用维生素C制剂25～50毫克给每只病鸡每天饮水、拌料或肌内注射进行解毒。

三、聚醚类抗生素中毒

聚醚类抗生素又称离子载体药物，主要包括盐霉素、莫能菌素、马杜霉素、拉沙里菌素等，该类药物的作用机理为不可逆地杀伤球虫细胞。但聚醚类抗生素药物浓度高时，也会对机体细胞产生杀伤作用，导致细胞坏死。中毒症状与细胞外高钾、细胞内高钙有关。

（一）临床症状

病鸡初期表现出兴奋状态，口吐黏液，乱飞乱跳。随后表现出抑制状态，精神不振，两翅下垂，羽毛蓬松，饮食减少，有的口流黏液，嗉囊积食，两腿无知觉，不愿活动，发生瘫痪。病鸡俯卧于地，颈腿伸展，头颈贴于地面；症状较轻的病鸡出现瘫痪，两腿向外侧伸展。病鸡排稀软粪便，最后口吐黏液而死。成年鸡除表现共济失调、神经麻痹症状以外，还表现为产蛋率下降，呼吸困难。慢性中毒病例除表现一般症状外，还表现为腹泻、腿软、增重、饲料转化率低、生长受阻。

（二）防治措施

停止饲喂含聚醚类抗生素药物的饲料，更换饲料。用5%葡萄糖饮水，可加入维生素C；注射抗氧化剂维生素E溶液，降低聚醚类抗生素的毒性作用。

预防该病的发生要注意按药物使用说明用药，不盲目加大药物剂量，严禁混合使用同类药物。药物使用前注意弄清有效成分，避免将同药不同名的药物一起使用。

四、食盐中毒

食盐是维持鸡正常生命活动所必需的物质,是日粮中必需的营养成分,主要用于补充钠,一般以 0.25%~0.50%的比例添加在饲料中,维持肌肉的正常活动和鸡体的酸碱平衡。食盐还可增加饲料适口性、增强食欲,但若采食过多,则发生中毒。

(一) 临床症状

鸡大量摄入食盐后,直接刺激胃肠黏膜引起炎症反应。临床上表现为食欲废绝,口渴严重,饮水增加,争抢水喝;嗉囊扩张,较软,内含有大量液体;鼻或口中流黏性分泌物;腹泻,下痢,排水样粪便;呼吸困难,运动失调,最后瘫痪,因呼吸衰竭而死。雏鸡发生中毒后常出现神经症状,胸腹朝天,两脚乱蹬,头仰向后方,头颈不断旋转,鸣叫不止,最终麻痹而亡。

(二) 防治措施

严格控制饲料中食盐的含量,一般不超过 0.3%,特别是对雏鸡更应该小心谨慎,严格限制饲料中的食盐含量,谨慎添加未经测定食盐含量的鱼粉。提供清洁、新鲜、不含盐的饮水,让鸡少量多次饮用。发生食盐中毒时,应停止饲喂含食盐的饲料和饮水,饮用 1%葡萄糖,轻者一般可痊愈,重者往往预后不良。

五、氨气中毒

氨气中毒冬、春季多发,由于鸡舍中粪便、垫料、饲料等发酵产生氨气,若通风不良,导致氨气浓度过高,引起鸡群中毒。

(一) 临床症状

鸡中毒后主要表现为眼睛红肿流泪,有黏性分泌物;咳嗽,流鼻液,呼吸困难;中枢神经系统麻痹,最后窒息死亡。

（二）防治措施

发现鸡中毒时，应立即通风换气，清除粪便、杂物等，必要时可将病鸡转移到空气新鲜的鸡舍。多西环素、环丙沙星等抗生素饮水可防止继发感染；对于眼部有炎症的病例，可采用1%硼酸溶液洗眼、红霉素点眼，有良好效果。

六、黄曲霉毒素中毒

黄曲霉毒素是黄曲霉、寄生曲霉的一种代谢产物，具有致癌作用，导致人类、畜禽肝脏损伤和肝癌。植物种子最易感染黄曲霉毒素，如花生、玉米、黄豆、棉籽等。鸡中毒是由于饲料中使用被感染的种子及其副产品所导致的。

（一）临床症状

雏鸡急性发病居多，多发于2~6周龄，食欲下降，生长不良，衰弱，贫血，鸡冠苍白，排出白色稀粪，腿麻痹跛行，死亡率高；成年鸡较雏鸡耐受力强。慢性中毒时，症状不明显，主要表现为食欲减少、衰弱、贫血及恶病质。病程久者，可发生肝癌，蛋鸡产蛋率下降，孵化率降低。

（二）防治措施

该病无特效解毒剂，以预防为主。饲料应妥善保存，防止在阴暗潮湿处发霉变质。对已被污染的场所，用福尔马林、高锰酸钾水溶液熏蒸，进行彻底消毒。若发现中毒现象，及时废弃变质饲料，饲喂时增加多维素、蛋白质、脂肪的含量，在饲料中加入活性炭也可起到一定的吸附毒素的作用。

参考文献

陈鹏举,曾昭烨,赵全成,2011. 鸡病诊治原色图谱 [M]. 郑州:河南科学技术出版社.
黄仁录,陈辉,2012. 肉鸡养殖技术问答 [M]. 北京:金盾出版社.
李连任,2014. 散养土鸡实用技术 [M]. 北京:中国农业科学技术出版社.
石庆莲,张俊珍,2012. 蛋鸡养殖技术问答 [M]. 北京:金盾出版社.
提金凤,2018. 彩色图解科学养鸡技术 [M]. 北京:化学工业出版社.
魏刚才,张遂平,2015. 鸡病快速诊断与防治技术 [M]. 北京:机械工业出版社.
肖冠华,2015. 养肉鸡高手谈经验 [M]. 北京:化学工业出版社.
张秀美,2012. 鸡常见病快速诊疗图谱 [M]. 济南:山东科学技术出版社.